東日本大震災の
復旧・復興への提言

●編著者

梶　秀樹　　　和泉　潤　　　山本佳世子

●執筆者(五十音順)

天野　徹
[明星大学人文学部]

和泉　潤
[名古屋産業大学環境情報ビジネス学部]

押谷　一
[酪農学園大学環境システム学部]

梶　秀樹
[東京工業大学都市地震工学センター]

澤村　明
[新潟大学経済学部]

髙尾克樹
[立命館大学政策科学部]

中村桂子
[東京医科歯科大学大学院医歯学総合研究科]

根本敏則
[一橋大学大学院商学研究科]

簗瀬範彦
[足利工業大学工学部]

山本佳世子
[電気通信大学大学院情報システム学研究科]

依光正哲
[埼玉工業大学人間社会学部]

渡辺俊一
[東京理科大学]

技報堂出版

書籍のコピー，スキャン，デジタル化等による複製は，
著作権法上での例外を除き禁じられています。

目　次

序　章　計画理論研究からの東日本大震災についての
　　　　アプローチ　　　　　　　　　　　　　　　　　1

　　　　　　　　和泉潤（名古屋産業大学）・山本佳世子（電気通信大学）

第Ⅰ部　東日本大震災の復旧・復興についての議論　5

第1章　復興の前提と中長期指針　　　　　　　　　　7

　　　　　　　　　　　　　　　　　梶秀樹（東京工業大学）

第2章　復興の計画過程　　　　　　　　　　　　　　15

　　　　　　　　　　　　　　　　　梶秀樹（東京工業大学）
　　2.1　阪神・淡路大震災の復興経験 …………………… 15
　　2.2　計画が先か予算が先か？ ………………………… 16
　　2.3　上位計画と市町村計画 …………………………… 19
　　2.4　集団移転とコミュニティ再生 …………………… 20

第3章　復興特別区域制度　　　　　　　　　　　　　23

　　　　　　　　　　　　　　　　　梶秀樹（東京工業大学）
　　3.1　復興特別区域の概要と各県の要望 ……………… 23
　　3.2　農地転用と住宅地形成 …………………………… 25

i

3.3　水産業特区の実効性 …………………………………… 27
　　3.4　原発避難市町村（警戒区域）の処遇 ………………… 28

第4章　復旧・復興に関する論点整理　　31
　　　　　和泉潤（名古屋産業大学）・山本佳世子（電気通信大学）
　　4.1　はじめに ………………………………………………… 31
　　4.2　行政の役割 ……………………………………………… 32
　　4.3　都市計画 ………………………………………………… 35
　　4.4　地域再生 ………………………………………………… 38
　　4.5　産業再生 ………………………………………………… 41
　　4.6　情報の利活用と弊害 …………………………………… 43
　　4.7　自然環境との共生 ……………………………………… 44
　　4.8　原発災害 ………………………………………………… 45
　　4.9　おわりに ………………………………………………… 46

第Ⅱ部　東日本大震災の復旧・復興への提言　　49

第5章　行政の復旧・復興のためのBCP　　51
　　　　　　　　　　　　　　　　和泉潤（名古屋産業大学）
　　5.1　はじめに ………………………………………………… 51
　　5.2　災害への対応 …………………………………………… 54
　　5.3　行政のBCP ……………………………………………… 57
　　5.4　おわりに ………………………………………………… 61

第6章　都市計画技術の課題：「不用地」「不明地」をめぐって　63

渡辺俊一（東京理科大学）・澤村明（新潟大学）

- 6.1　はじめに …………………………………………………… 63
- 6.2　「不用地」「不明地」 ……………………………………… 66
- 6.3　津波被災地の建築規制 …………………………………… 67
- 6.4　放射線被災地の居住規制 ………………………………… 71
- 6.5　「不用地」の規模 ………………………………………… 72
- 6.6　「不明地」の問題 ………………………………………… 74
- 6.7　おわりに …………………………………………………… 76

第7章　地域再生モデルとしての健康都市づくり　79

中村桂子（東京医科歯科大学）

- 7.1　まちづくりの目標としての住民の健康 ………………… 79
- 7.2　「健康都市」の概念と展開 ……………………………… 82
- 7.3　震災復興計画における
  保健・医療・福祉・介護の計画 ………………………… 86
- 7.4　地域再生モデルとしての健康都市づくり ……………… 88

第8章　コミュニティベースでの復興　91

天野徹（明星大学）

- 8.1　はじめに …………………………………………………… 91
- 8.2　被災地・被災者との認識ギャップ ……………………… 93
- 8.3　被災地および被災地域の社会特性について …………… 94
- 8.4　避難所コミュニティとソーシャル・キャピタル …… 96

8.5　集団移転と個別移転：コミュニティとネットワーク　98
　　8.6　被災地域の復興に向けて：
　　　　「創造的復興」から「人間の復興」へ ……………… 99
　　8.7　復興の方法論としての「新しい公共」 …………… 102
　　8.8　おわりに ………………………………………………… 104

第9章　漁業・水産業の再生とコモンズとしての漁場　109

依光正哲（埼玉工業大学）

　　9.1　はじめに ………………………………………………… 109
　　9.2　東日本大震災による漁業・水産業の被害 ………… 111
　　9.3　日本の漁業・水産業をとりまく閉塞状況 ………… 115
　　9.4　漁業・水産業の再生とコモンズとしての漁場 …… 121

第10章　サプライチェーンの復旧から復興へ　127

根本敏則（一橋大学）

　　10.1　はじめに ………………………………………………… 127
　　10.2　流通サプライチェーンの復旧 ………………………… 128
　　10.3　自動車サプライチェーンの復旧 ……………………… 129
　　10.4　漁業サプライチェーンの復旧 ………………………… 132
　　10.5　おわりに ………………………………………………… 136

第11章　復旧・復興のための情報システムの有効な活用　139

山本佳世子（電気通信大学）

　　11.1　はじめに：復旧・復興プロセスにおける
　　　　　情報システムの利用 ………………………………… 139

11.2　情報化の進展とGIS ……………………………………… 140
11.3　GISによる地域情報データベース構築 ……… 143
11.4　ソーシャルメディアGISによる情報提供・共有化
　　　　……………………………………………………………… 150
11.5　わが国における情報環境の整備の必要性 ……… 155
11.6　おわりに：情報システムに関する展望 ………… 158

第12章　自然災害と共存する地域環境　　161

押谷一（酪農学園大学）

12.1　自然の脅威に対する再認識 ……………………… 161
12.2　自然の中の人類 ……………………………………… 162
12.3　東北地方の自然と地震，津波被害 ……………… 164
12.4　津波被害と防止対策 ………………………………… 166
12.5　自然環境との共存 …………………………………… 169
12.6　自然環境と共存した地域社会 …………………… 171
12.7　福島原発が突きつけたそこにある危機 ………… 173
12.8　自然の脅威の前で求められる謙虚さ …………… 176

第13章　外部費用としての原子力発電所災害
　　　　―風評被害の検討のために―　　179

髙尾克樹（立命館大学）

13.1　はじめに ……………………………………………… 179
13.2　原子力発電所事故に伴う被害と風評被害の現況
　　　　……………………………………………………………… 180
13.3　風評被害の定義 ……………………………………… 181
13.4　買い控えによる外部費用の性格 ………………… 182
13.5　結　　論 ……………………………………………… 189

第14章 東日本大震災の復興と原発事故
—南相馬市の現状と復興に向けた取り組み— 191

簗瀬範彦（足利工業大学）

- 14.1 はじめに …………………………………………………… 191
- 14.2 南相馬市の概況と地震と津波の被災状況 ……… 193
- 14.3 復興プラン作成に向けた取り組み …………… 193
- 14.4 復興に向けた取り組み …………………………… 198
- 14.5 住民合意の前提条件について …………………… 200
- 14.6 おわりに ………………………………………………… 201

終章 東日本大震災から学ぶこと 205

梶秀樹（東京工業大学）

- 1 大都市機能の混乱 ……………………………………… 205
- 2 首都圏の防災対策上の課題 ………………………… 206
- 3 被害想定の役割（想定内と想定外） …………… 209
- 4 個人（家族）の生活機能の維持
  (PLC: Preparedness for Life Continuity) …… 211
- 5 自助・共助・公助の役割分担 ……………………… 213

索 引 …………………………………………………………………… 215

序章
計画理論研究からの東日本大震災についてのアプローチ

　日本における地方行政計画は，戦後，全国総合計画に沿う形で計画づくりが行われてきた．戦後の物資のない時代のハードな整備の計画から，高度経済成長期の生活水準向上の計画，第1次オイルショックを経てバブルに向かう大量生産大量消費の計画，バブル崩壊後の個の自立による住民参加の計画へと計画のパラダイムは変遷してきており，現在は，少子高齢化の人口縮小社会へ確実に歩を進めているなかで，それに対応する計画のパラダイムを新たに打ち出していくときに来ている．このような社会的・学術的背景を受け，2009年9月の日本計画行政学会第32回全国大会を契機として，計画理論の「温故知新」を行い，将来に向けた計画のパラダイムからこれからの社会の計画理論を考えることを目的とし，計画理論研究専門部会が設立された．そして，設立から2011年9月までの約2年間において，合計12回の専門部会を開催してきた．

　この専門部会では，計画理論に関するこれまでの既存知見のサーベイを行ったうえで，現在の社会的ニーズ，未来展望を考慮した計画理論について提案する．そのためには，以下のような研究活動を進めている．

①　国内外の計画理論に関する既存知見について調査を行い，これまでの計画理論の歴史的系譜について整理する．特に日本の戦後からの計画のパラダイムとの関連について整理する．

②　これまでの計画理論の特性を把握し，世界的な社会的・経済的環境の変動との関連性について検証する．

③ 国内外の計画理論研究の第一人者を講師として招聘し，計画理論に関する多様な考え方について知見を深める．
④ 現場での計画理論の実践者を講師として招聘し，現実社会における計画理論の重要性，有効性について検討する．
⑤ 現在および未来における社会的・経済的ニーズについて検討し，将来に向けての計画のパラダイムとそれに沿う計画理論のあり方について展望する．

　上記の背景を踏まえて，2011年3月11日に発災した東日本大震災の復旧・復興に関しても，合計4回の専門部会（第9回〜第12回）を開催し，この専門部会内外の参加者とともに議論を行ってきた．第9回専門部会では「東日本大震災の復興に求められるもの」をテーマとして，梶秀樹東京工業大学教授と和泉潤名古屋産業大学教授により「『総合地域開発計画』に基づく中長期の復興戦略」と題する話題提供が行われ，約30名の参加者とともに活発な議論が行われた．続く第10回専門部会では「東日本大震災の復興に求められるもの(2)」をテーマとして，まず山本佳世子電気通信大学准教授より被災地域における現地調査報告が行われ，そして梶秀樹東京工業大学教授より第9回の専門部会における議論を受けてさらに話題提供がなされ，約30名の参加者とともに活発な意見交換が行われた．

　さらに第11回専門部会は，同じ日本計画行政学会のコモンズ研究専門部会との合同専門部会として「今被災地にとって本当に必要なもの求められるもの」をテーマに開催され，風見正三宮城大学教授より「東北の現状と復興支援事業の展望─地域資源経営の視点から─」と題する話題提供が行われ，被災地域のコモンズとしての漁業，漁場，地域資源を中心的なトピックとし，約20名の参加者とともに活発な議論が展開された．そして第12回専門部会は，2011年度の日本計画行政学会第34回全国大会中に開催され，これまでの3回の専門部会での議論を受け，「大震災の復興に向けての計画理論」をテーマとしたワークショップとして開催された．開催された当日は，くしくも，東北地方太平洋沖地震が発生し，東日本大震災として未曾有の被害となった半年後の9月11日であった．このワークショップでは，梶秀樹東京工業大学教授より「東日本大震災復興の課題」，渡辺俊一東京理科大学教授よ

り「東日本大震災復興の計画理論を考える」，根本敏則一橋大学教授より「サプライチェーンの復旧から復興へ」と題する話題提供が行われ，計画理論という立場からいかに東日本大震災の復旧・復興を考えていくべきか，本書の著者らを中心として議論が行われるとともに，本書の執筆に当たっての意思統一が図られた．

　本書は，以上で述べた背景と日本計画行政学会計画理論研究専門部会におけるこれまでの4回の議論の成果を踏まえ，東日本大震災の復旧・復興について，計画理論研究から提言することを目的とする．まず，第Ⅰ部の第1章では，本書の筆頭編著者の梶秀樹教授から復興の前提条件と中長期的な方針の必要性について提示し，続く第2章と第3章では，専門部会で話題提供を行ってきた梶教授の提案のうち，復興の計画過程，復興特別区域制度の2点に焦点を当てて紹介する．さらに第4章では，これらの2点の提案を受け，4回の計画理論研究専門部会における復旧・復興に関する議論の論点整理を行う．

　第Ⅱ部では，第4章で示した各論点について，各専門分野の専門家がそれぞれの知識と経験をもとに提言を行う．第5章では，行政の役割として復旧・復興を速やかに行うためのBCP（Business Continuity Preparedness：業務継続計画）について論じる．第6章では都市計画を対象とし，地域再生のためのわが国の都市計画の課題について示す．第7章と第8章では，地域再生のための望ましい都市像，コミュニティベースでの復興の取り組みについて示す．第9章では被災地域の主要産業である漁業・水産業を対象とし，これらの産業の再生について論じる．第10章と第11章ではいずれもなんらかのネットワークに着目して，前者ではサプライチェーン，後者では情報システムの復旧・復興における役割について示す．第12章では復旧・復興における自然環境との共生の必要性について述べ，第13章と第14章はいずれも原発災害を対象とし，前者では外部費用として原発災害を取り上げてどのように対応すべきであるのかを示し，後者では実際の被災地域における取り組みについて描き出している．

　最後に，終章では，第Ⅰ部における復旧・復興のための提案，これまでの計画理論研究専門部会における議論，第Ⅱ部における各分野の専門家の提言

を受け，本書の筆頭編著者の梶秀樹教授による東日本大震災から私たちが学ぶべき教訓，特にわが国で最も懸念されている首都直下地震に向けた提言について示す．

第Ⅰ部

東日本大震災の復旧・復興についての議論

第1章
復興の前提と中長期指針

　最初に，今回の東日本大震災の復興について考える場合，念頭におくべき前提条件といったようなものについて整理しておきたい．

　まず第1は，大震災からの復興ということで，誰しも1995年の阪神・淡路大震災からの復興を思い浮かべ，そのときの経験を参考にするか，あるいはそれと対比する形で復興手順や復興イメージをつくり上げるのではないかと思われる．しかし，今回の地震からの復興に関しては，阪神・淡路大震災のときの経験とは全く異なった新しい視点で取り組まなければならず，発想の転換が必要である．それは一言でいえば，阪神・淡路大震災の復興が都市計画を中心とした「まちづくり復興」であったのに対し，今回の復興は，東日本の経済・産業の再生をかけた「地域開発計画に基づく復興」となるという違いといえる．

　もちろん「まちづくり復興」が不必要であるというわけではない．個々の被災市町村としては，むしろそのほうが緊急の課題であろう．震災後半年以上経った現在，復興計画策定の進捗状況は必ずしも思わしくないが，それでも，約40％の市町村で，旧市街地の高台移転を中心とした計画の概要が固まりつつある[1]．しかし，そうした個別市町村の復興とは別に，地域全体を見渡したときの，いわば上位計画としての復興計画がまず立案されねばならないのが今回の地震である．

　東日本大震災の地震・津波の主な被災地は，3県42市町村に及んだ．一方，阪神・淡路大震災は，主として兵庫県の8市町村と大阪市の一部に限定され

ている[1]. そうした被災地域の広がりだけではなく，被害は東日本の農林漁業生産の基盤を壊滅させ，ほぼ日本全国の製造業の生産工程におけるサプライチェーンを寸断した．

まず漁業についていえば，被災地域は国内の漁獲量の12％（65万4000トン），生産額は10％（1 350億円）を占めていたが，漁船の39％，主要漁港の44％が壊滅した（表1.1）．農業については，被災市町村の農業用地の14.5％

表1.1 農林水産業の被害

県	農地（ha）			漁船（隻）			漁港（箇所）		
	合計	被害	％	合計	被災漁船数	％	合計	被災漁港数	％
北海道				16 293	793	4.9	282	12	4.3
青森	19 680	79	0.4	6 990	620	8.9	92	18	19.6
岩手	15 649	1 838	11.8	10 522	6 254	59.4	111	108	97.3
宮城	35 777	15 002	41.9	13 570	12 023	88.6	142	142	100.0
福島	29 461	5 923	20.1	1 068	873	81.7	10	10	100.0
茨城	21 679	531	2.5	1 215	488	40.2	24	16	66.7
千葉	40 826	227	0.6	5 640	405	7.2	69	13	18.8
合計	163 072	23 600	14.5	55 298	21 456	38.8	730	319	43.7

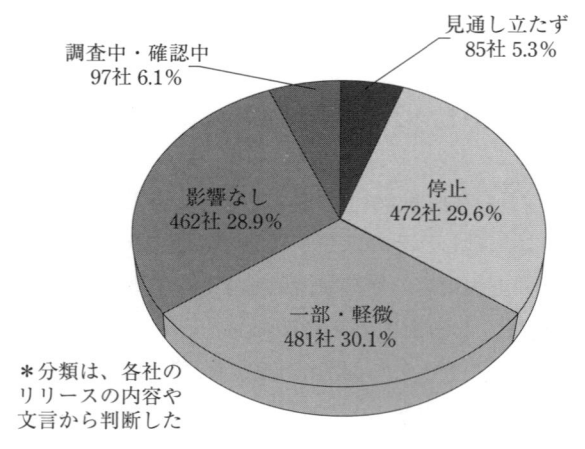

見通し立たず 85社 5.3％
調査中・確認中 97社 6.1％
影響なし 462社 28.9％
停止 472社 29.6％
一部・軽微 481社 30.1％

＊分類は、各社のリリースの内容や文言から判断した

図1.1 上場企業1 597社の被害状況調査[3]

---

[1] 死者10名以上を基準とした（消防庁『阪神・淡路大震災の記録1』より）．

にあたる23 600haが塩害により作付け不能となった[2]．また，二次・三次の企業に関しては，何らかの直接的な被害や，サプライチェーンの途絶で生産を中断・縮小しなければならないような事態となった企業は，上場企業の71％に及ぶ(図1.1)．

このような広域的被害からの復興を考える場合，各市町村の復興を個々に考えるのとは別の復興戦略が必要であることは明白である．実際，わが国の漁業は旧態然とした零細資本によるところが大きく，操業環境も劣悪で厳しく後継者問題を抱えて，先行きの見通しは必ずしも明るくない．したがって，従来どおりの生産体制に戻すのではなく，小規模な団体や漁港の統廃合も含めて，大幅な構造改革が望まれる．また，それと関連した流通体系の整備も必要であろう．農業についても状況は同様で，全国260万人の農業人口の内65歳以上の就農者が60％を超え，今後10年間で100万人が離農すると予想されている状況では，農地の集約化を図って労働生産性を高め，6次産業化を進めるなど生産コストを引き下げて，積極的にTPP (Trans-Pacific Partnership：環太平洋戦略的経済連携協定)に対応できるような改革が必要である．さらに，製造業についても，従来東北地方に集積を図ってきた地域開発戦略を，リスク分散の視点から北陸地方等に重点を移すなどのことも検討するべきであろう．

このようにみれば，東日本大震災からの復興が，阪神・淡路大震災とは全く別の様相を持っていることが明らかである．わが国は大震災のたびに，単なる復旧ではなく，「改良復興」という思想のもとに，物理的にも制度的にも従前よりはるかに強固な構造を持つ復興を成し遂げてきた．今回の地震に対しても「創造的復興」がスローガンとなっているが，その創造性は，地域開発的視点から，産業構造の大幅な改革に向けられなければならない．

第2点は，今回の地震被害が，近い将来の発生が予想されている東海・東南海・南海の三連動地震の先例として貴重な経験と教訓を与えたことは明らかであることから，その復興の中長期復興戦略は，今回だけの特例としてではなく，東海地域三連動地震にも適用できるように一般化して各種の手順や法制度を整えておく必要があるということである．とりわけ巨大津波が，沿岸市町村を一瞬のうちに壊滅させ，しかも複数の県にまたがるほどの広域的

な被害をもたらすこと，その結果，災害対策基本法でいう被災自治体主義の復旧・復興はほとんど不可能となるということは，三連動地震でもほぼ同様の様相を呈することになると考えられるため，それに対応した体制が準備されなければならない．

　今回政府は，極めて場当たり的に多くの担当部局と責任者を任命し，組織上の混乱を極めた．また阪神・淡路大震災に習って，首相の諮問機関として「復興構想会議」を招集したが，その権限も曖昧で，結局，地震発生後3か月経った6月20日に「東日本大震災復興基本法」の制定を見て，各組織の法的位置づけが明確になるという有様であった．基本法では，

- 国・地方公共団体の責務・国民の努力に対する規定を置いたこと（3～5条），
- 復興債の発行を可能としたこと（8条），
- 復興特別区域制度を活用できるようにしたこと（10条），
- 内閣総理大臣を長とする復興対策本部の設置を規定し（11条），
- 本部長への復興構想会議を諮問機関として位置づけたこと（18条），
- 期間を限った復興庁の設置を規定したこと（第4章）

など，震災後，国会での審議に時間がかかり，迅速な復興の妨げになっていたいくつかの事柄が法制化された．これは大きな成果であり，東日本大震災に限定することなく，次の三連動地震にもそのまま適用できるようにすることが望まれる．

　ここで要となるのは新設される復興庁の体制であり，当然，強力な権限を持って復興を推進することが期待されるが，その職員が各省庁からの出向者による寄せ集めになり，権限を発揮できないのではないかと懸念されるなか，2011年11月1日に政府により復興庁設置法案が衆議院に提出されたが，その機能は企画・立案・調整に限定され，事業実施機能は持たせない提案となった．首相の提案説明では，「（各省への）勧告権や各省の復興予算調整のみならず，道路・病院・学校・港湾等の復興のための各省の補助金を一括する復興交付金，復興特区制度などを担う」とし，十分強力な権限を持つとしているが，野党自民党などは不十分として反発している．

　復興庁に事業実施機能を持たせないことは，権限が限定されるという意味

では疑問を持たざるをえないが，仮に事業を実施できるとしても，インフラの整備等については，復興関連整備とそれ以外に分けて復興庁と各省庁とで分担するようなことになるとしたら，二重行政の弊害も現れるので好ましくないため，そうした基本インフラは国の直轄事業として各省庁ベースで実施する必要があろう．

　ところが復興投資には，農林漁業の活性化や復興住宅の建設と管理などの経済活動的な事業もある．こうした，採算性があり，経済的利益を生み出す可能性がある事業まで復興庁が実施できないというのは問題であろう．そこで，この復興庁の外郭的組織として，国（復興庁）・被災自治体・民間の資金と人を集めた第三セクターの「公社」組織をつくって，民間からの基金や投資資金を集め，事業者に貸付け，利益を投資家に還元するといった投資会社的な機能を持たせてはどうかと考えている．「公社」となれば，復興債も国債ではなく「公社債」の形で募集することになろう．問題は誰がこの公社債を買うかであるが，企業経営者の中には，義援金以外の形で復興資金を提供したいと考えているものは多いが，お金を受け入れる機構がないという声も聞かれるので(木川眞氏,ヤマトホールディング社長談,2011年5月18日読売新聞)，企業からの基金の拠出や債権の購入に何らかの税法上の優遇措置や政府による元本保証があれば，十分に資金は集まるものと思われる．

　第3点としては，今回の地震の復興に当たっては，その発生が逼迫しているといわれる首都直下地震のことを織り込んで復興を考える必要がある．今回の東北太平洋沖地震が周辺の断層に大きなひずみを蓄積したという東京大学地震研究所の研究グループらの観測もあるが，それが首都直下地震の発生を早めることになるかどうかについてまでは結論づけられてはいない．しかし，そうした直接的因果の有無にかかわらず，文部科学省の地震調査委員会の長期予測によるように，今後30年間の発生確率は70％とされているなど首都直下地震の発生危険性は高い．

　周知のごとく，東京に大きな被害をもたらすと考えられる地震は，関東地震などの海溝型地震と内陸の活断層による直下地震とがあるが，海溝型地震は大略200年〜300年周期で発生し，前回の大正関東地震が1923年であったことから，まだ90年しか経っていないため，次の発生はまだ100年程度

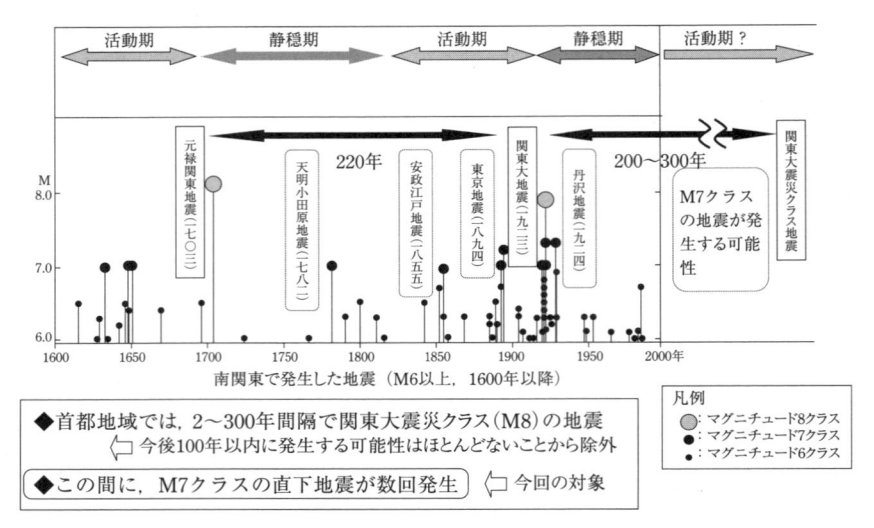

図1.2 首都直下地震の切迫性

先になると考えられている．しかし，活断層によるM7クラスの直下地震のほうは，過去の地震記録によると，この間に2～3回起こっており，今はそちらのほうの発生が懸念されている．**図1.2**は，海溝型地震である元禄関東地震(1703年)から大正関東地震(1923年)までの220年間に，南関東で発生した直下地震を示しているが，元禄関東地震が発生した後100年ほどは，天明小田原地震(1782年)があった以外大きな地震はなく静穏期が続いている．しかし，その後活動期に入り，安政江戸地震(1855年)，東京地震(1984年)と，M7クラスの地震が40年の間隔で続いて起きている．東京の場合，沖積層の堆積が厚く地下の活断層構造がはっきりしないため，歪みを直接計測できないが，こうした過去の傾向から，今や活動期に入っており，地震学者の間ではいつ直下地震が起きてもおかしくないと考えられている．

したがって，今後少なくとも10年はかかると思われる東日本大震災の復興途中で首都直下地震が起こる可能性は少なくない．その場合，最大で112兆円と推計される経済被害（直接被害は66.6兆円）と，そのための復興費用の負担が，東日本大震災の復興にどのような影響をもたらすかを考えておかなければならない．

このことは，復興の中長期的戦略を考える際の第4番目の前提として，首都直下地震の追い打ちが起きた場合の復興費のことを考慮した復興資金の調達の方法を考える必要があることを意味する．政府の東日本大震災復興対策本部の発表した「東日本大震災からの復興の基本方針」によれば，復興に必要な資金は，10年間の復興期間中では，中央政府と地方政府合わせて総額23兆円と見込まれている．ただし，この中には，原子力損害賠償法，原子力損害賠償支援機構法案に基づき事業者が負担すべき経費は含まれていない．そして，2015年度までの5年間を「集中復興期間」と位置づけて，その間に実施する施策・事業の規模を19兆円としている．この中にはすでに第1次・第2次補正予算で支出した6.1兆円が含まれるため，新たに必要となるのは，約13兆円であるが，これを次の世代に先送りすることなく今を生きる世代で連帯し，負担を分かち合うことを基本とし，そのため，歳出の削減，国有財産の売却，公務員人件費の見直し，さらなる税外収入の確保および時限的な税制措置により確保するとしている．税制措置については，消費税・所得税・法人税などの基幹税を多角的に検討する．また，先行する復旧・復興需要を賄う一時的なつなぎとして，従来の国債とは区分して管理する復興債を発行し，上記の時限的な税制措置は，その償還期間中に限定して実施するとともに，税収はすべて復興債の償還を含む復旧・復興費用に充てるものとしている．

　復興債の発行規模がいくらになるか，また増税額がいくらになるかは，国有財産の売却などの税外収入がどの程度見込めるかによるので，最終額はまだ確定していないが，2011年10月の臨時国会に提出された第3次補正予算案では，とりあえず，11兆5500億円の復興債を発行することが提案されている．政府としては，増税がもたらす経済活動へのマイナスの影響を抑える意味で，できるだけ税外収入を多くして増税幅を小さくしたい考えであり，政府保有の東京地下鉄株や凍結されている日本郵政株の売却益をこの償還に充てる案などが検討されているところである．

　しかし，結局これらの国家資産の売却は，国の含み資産の取り崩しであり，上記復興債を含めると1 024兆円に達する「国家の借金」と合わせて（2011年10月28日財務省発表，読売新聞記事より），国家の財政的な耐力を弱める

ことになる．今ここで，あらゆる財産を使い切ってしまうことは，首都直下地震の発生が懸念されることを考えると大きなリスクがあると言わざるをえない．そこで，前述したごとく，復興計画自体を「救済」ではなく「投資」価値のある事業としたビジネスモデルをつくり，個人や投資家の投資意欲を刺激する工夫をして，「公社」組織により民間の基金を集めるといった発想が求められるのである．

《参考資料》
1) 読売新聞「東日本大震災6か月－被災地42首長アンケート」2011.9.8
2) 農林水産省の新聞発表，2011.8.1
3) 東京商工リサーチ「上場企業の被害状況調査」(2011年3月16日までに震災被害を公表した1597社の集計結果)
4) 東日本大震災復興対策本部発表「東日本大震災からの復興の基本方針」2011.7.29

第2章
復興の計画過程

2.1 阪神・淡路大震災の復興経験

　大災害からの都市の復興計画は，平時の都市計画との連続性で考えなければならない，と喝破したのは，阪神・淡路大震災後の復興都市計画の計画過程をつぶさにたどり，戦災復興都市計画やこれまでのわが国の災害復興計画と対比しつつその計画論理を展開した西山康雄である[1]．西山は，復興まちづくりは，平時のまちづくりの成果の上に展開されるべきで，復興事業の内容は復旧八割，復興二割を目途とすることを提案している．

　周知のごとく，阪神・淡路大震災では，被災した神戸市は驚異的なスピードで復興基本方針を発表し(1月31日)，建築基準法第84条による「建築制限」区域を指定するとともに(2月1日)，その復興基本方針を実現するための「神戸市震災復興緊急整備条例」を制定して(2月16日)，それに基づいて，震災後2か月目の3月17日には，震災復興土地区画整理事業と震災復興市街地再開発事業の都市計画決定，24か所の重点復興地域の告示等の一連の法的手続きを完了した．

　こうした神戸市の一連の対応は，明らかに平時の計画決定プロセスと異なっている．西山が指摘するように，平時には十分な時間をかけて「合意形成→計画決定」に至るプロセスが，ここでは都市計画決定が先行し，「計画決定→合意形成」という逆転した手順となっており，そのため住民の意見が十

分に斟酌されず権利者の反対運動にまで発展するような問題となった．そうした摩擦を回避する目的で導入された「二段階都市計画決定方式」も，時限方式の限界のためうまく作動しなかったとし，西山はそのことを神戸市の森南地区の復興事業プロセスを追跡しながら例証している．

復興計画の策定に当たり，行政には，計画決定を急がないと無秩序な市街地が形成されてしまうと考える焦りと，この際，災害に強い街をつくるために思い切った改良復興を実現するといった公的介入は，住民に大義名分として十分受け入れてもらえるだろうとの思い込みがあったことが，こうした平時とは異なる計画決定プロセスを採用させたと考えられる．西山によれば，行政のこうした「護官民的」発想が，被災者の生活再建を困難にしてしまったという意味で，「計画災害」をもたらしていると指摘する．また，災害後の計画的復興の常識と考えられている建築基準法第84条による建築制限についても，その有効性に疑問を呈している．つまり被災した権利者が1日も早く立ち直りたいと願っている，そのエネルギーを削ぐマイナスは大きく，ひとまずバラ建ちを許し，復興事業が動き出したら復興建築へ移転補償するなどの柔軟な対応をすることにより，制限しないで済ませる方法もあるのではないかというのである．

関東地震や終戦後の復興過程を見ても明らかに，災害後の復興都市計画では平時に考えられている計画立案過程とは異なった発想に基づいて計画が策定されることになるが，そうした「伝統的な復興モデル」は問い直されなければならず，新たに市民の論理に基づく「現代版の復興モデル」が必要であるというのが，西山の主張であり，それは，阪神・淡路大震災における復興都市計画において，一部の地域についていえば一応の真実であったと考えられるのである．

2.2　計画が先か予算が先か？

それでは，今回の東日本大震災の復興については，こうした阪神・淡路大震災での復興の成功と失敗の経験がそのまま適用できるのだろうか？

本稿を書いている2011年10月現在，42被災市町村のうち，復興計画案

を立案したか，少なくともその方針が固まった市町村は 16 市町村にすぎず．計画立案の進捗状況は極めて遅いと言わざるをえない[2]．その原因の第 1 が，復興の中心となるべき行政庁舎も大きな被害を受け，職員も被災してしまった各自治体の人材と能力の減退と不足によるものであることは疑いを入れない．この点は，もともと高い計画策定能力を持ち，庁舎や職員の被災も最小限であった神戸市とは大きな差がある．

　しかし，そうした人材・能力の欠如とは別に，国と地方自治体との関係に関して，今回は，平時の計画決定過程がそのまま踏襲される形で復興計画の立案に適用されたことに，むしろ問題があったと考えられる．その第 1 が，復興計画の立案とその実施を担保する予算的枠組みの決定の問題である．計画の立案と実施は，一般的に，①計画を立てる，②その計画を公式に決定する，③その計画に予算を配分する，④計画に盛られた個々の事業を実施する，という四つの手順からなる．平常時の場合は，計画の決定と事業の実施との間には相当の時間があり，決定された計画は，予算が付いた順番に時間をかけて実施されることになる．しかし，復興計画の場合はその時間的余裕がなく，決定された計画はただちに予算化され実施される必要があり，逆に計画は実施可能な予算枠の中で策定されなければ意味がない．ここに，計画が先か予算が先かという問題が生ずる．

　7 月末に取りまとめられた復興対策本部の「東日本大震災からの復興の基本方針(8 月 11 日改定)」に明示されているように，「復興を担う行政主体は，住民に最も身近で，地域の特性を理解している市町村が基本となるものとする」というのが国の立場であり，その観点から国としては，各被災自治体が自主的に立案する復興計画を待ち，それを取りまとめる形で国が準備すべき復興総予算を算定しようと考えている節があった．こうした国の態度は，松本龍復興担当相が，達増岩手県知事や村井宮城県知事と会談したときの失言，「知恵を出したところは助けるけど，知恵を出さないやつは助けない．」「(漁港の集約について)県でコンセンサスを得ろよ．そうしないと，我々は何もしないぞ．」という言い方に端的に表れている．

　こうした国の態度は，明らかに阪神・淡路大震災の復興における「護官民モデル」とは正反対である．しかし，それはかつての行きすぎた公的介入に

対する失敗を反省し，住民主体の新しい「復興モデル」を模索した結果によるものというよりは，現政権が官僚を使いこなせず，一方で福島第一原発の対応へ掛かりきりになって，被災市町村の復興に手が回らなかった結果であろう．ところが今回の被災自治体は，神戸市と異なり，中小の市町村がほとんどで財政規模が極めて小さく，復興事業に必要な費用の大半を国の補助金に頼らなければならない状況であるため，国がどれだけの補助金を準備してくれるかが決まらないと，復興計画の規模が決められないというジレンマを抱えることになった．

こうして多くの被災市町村が国の動きを見ながら逡巡しつつ復興計画を模索するなか（名取市など），宮城県女川町などは，震災1か月半後に住民や有識者でつくる「復興計画策定委員会」を発足させ，6か月間近の9月5日に始まった町議会に計画案を提案した．これは，一刻も早く住民に復興計画案を示さないと，町外に避難した町民が戻ってこなくなり，町が過疎化してだめになるという，町長の強い危機意識からの行動であった．しかし，計画の実現に必要と推定される2000億円を超える事業費の財源の目途は，当然ながら立っておらず，国や県から上限いっぱいの補助金が出たとしても町の負担は1000億円を超えると推定されている．この額は，町の従来の年間予算の20倍に相当するため，「計画が夢物語に終わる」可能性もある[2]．

地震発生後5か月たって，ようやく10年間で23兆円という，国の復興予算の枠組みが決まったが，これを3県でいくらずつ使えるのか，個々の被災市町村にいくら配分されるのかは，まだ明らかでない．この点，被災県が兵庫県のみであり，被害の大半が神戸市に集中していたため，国の復興支援額をほぼそのまま計画の予算的枠組みとして想定できた阪神・淡路大震災とは大きく異なっている．

したがって，被災市町村の復興計画への予算配分について，可及的速やかに全国知事会の要求するような「包括的交付金」の形での利用可能額を示達する必要がある．とはいえ，各被災自治体に割り振られる復興費が明らかになったとき，財源の裏づけなしにつくられた計画案の行方がどうなるか？ 使える資金を前提としたのではあまりに限られたことしかできないとき，被災自治体はどうするのか？ さまざまな問題が顕在化しよう．我々としてはこの

経験から，阪神・淡路大震災とは異なった「復興の計画制度」のあり方を学び取らなければならない．

2.3　上位計画と市町村計画

　復興計画策定に関し，国と被災自治体の計画決定の役割分担にまつわる第2の問題は，上位計画と下位計画（市町村計画）の関係である．

　表2.1に示すように，個別市町村の復興計画（縦の軸）と農林水産業を中心とした経済再生計画（横の軸）の調整，ならびに国・県・市町村の役割分担の問題がある．

　今回の東日本大震災からの復興は，第1章で述べたごとく，地域開発的視点から，近代化の遅れていた農林水産業の構造改革と活性化を目指すことが期待されている．その中には，漁業でいえば小規模漁港の統廃合や水産加工業と流通の一体化など，また農業でいえば，コメ中心から野菜・果樹などへの転作や，農地の集約・大規模化，さらには6次産業化などの改革が含まれ，それは被災地の土地利用や人口分布に影響する．したがって，個々の市町村の復興計画は，そうした上位計画を反映して策定する必要がある．

　こうした計画上の調整は，一般的に上位・下位計画の調整と考えられ，これもまた平常時には，先決された上位計画を前提として，市町村計画では上位計画の実現時期に合わせるかたちで各種の計画を時系列的に当てはめられてゆくため，上位・下位の計画が整合性をもってまとめられることになる．しかし復興計画においては，この二つを同時並行で進めなければならず，個

表2.1　復興計画における縦の軸と横の軸における行政の役割分担

	計画	市町村復興計画									
	県→	県A			県B				県C		
	市町村→	A-1	A-2	A-3	B-1	B-2	B-3	B-4	C-1	C-2	C-3
国↓	水産業再編										
	農業構造改革										
	エネルギー										
	・・・・・・										

別市町村計画を先決してしまった場合は，既存の農林水産業の構造体制をそのまま復旧することになり，上位計画として改革を実行する余地がなくなる可能性が高い．

　実際，壊滅的被害を受けた東北の漁業は，この半年間で少しずつ漁再開にこぎつけ，港は活気を取り戻しつつある．また，第 1 次，第 2 次補正予算で進められている，中小企業グループ施設復旧整備補助事業には，青森・岩手・宮城 3 県から，採択予定の 10 倍にあたる 275 グループの応募が殺到したという．そのこと自体は，被災民の復興意欲を示すもので，歓迎すべきことではあるが，抜本的構造改革を目指すとすれば，その採択には国家的な戦略が必要であろう．そのためには，漁協や農協の代表，県，関連民間企業を交えた国主導（復興庁）の「協議会」を立ち上げ，原案をまとめて国会で決議し，復興戦略を提示し，上位計画として確定しなければならない．

2.4　集団移転とコミュニティ再生

　津波で壊滅した市街地の再生・復興計画としては，一にも二にも高台に新市街地をつくって，コミュニティごと集団で移住することが望ましいが，被災市街地の状況は千差万別で，必ずしもすべての被災地でそうした復興が可能となるわけではない．

　そのため「復興基本方針」では，被災市街地の状況を，
　① 平地に都市機能が存在し，ほとんどが被災した地域
　② 平地の市街地が被災し，高台の市街地は被災を免れた地域
　③ 斜面が海岸に迫り，平地の少ない市街地および集落
　④ （高台のない）海岸平野部

と区分して，漁業施設は海岸近傍に建設せざるをえない状況や，現在地での復興を望む被災民の声も大きいことを勘案し，浸水地域も利用しながら整備を進めていくことを前提として，堤防の整備，避難場所や中高層避難建築物の整備，道路・鉄道を活用した二線堤システム，集団移転，避難計画や警戒避難体制の確立などハード・ソフトの施策を柔軟に組み合わせて実施するとしている．

こうした国の方針を受けて，現在，岩手県の山田町・釜石市・大船渡市・陸前高田町，そして宮城県では気仙沼市・南三陸街・石巻市・女川町などが，居住地を高台に整備し，「防災集団移転促進事業」を適用して集団移転をすることを計画している．これは，現時点である程度の復興方針が固まってきた16の被災市町村の内，ちょうど半数に当たる．

そうした居住地の高台への集団移転にも，個々の集落ごとに移転するか，ある程度集落を集約化して移転するかなどの選択があるが，市街地のコンパクト化や各種サービスの規模の効果を考えると，個々の集落ごとに移転するよりは，いくつかの集落を集約するほうが事業効率もよいことは明らかである．とはいえ，コミュニティの継続・再生という視点からは，浜が違えば文化も異なるといわれる漁業集落を集約することには抵抗も大きく，今後多くの市町村で克服すべき争点の一つとなろう（女川町など）．

コミュニティを，低地の浸水地域で再生・復興する場合は，海岸堤防で防御することになるが，1,000年に一度といわれる今回のような津波を完全に防御できるような高さの堤防を建設することは，限られた復興予算の配分の上からも，観光資源価値を持つ海岸の景観上からも[4]，さらには日常生活の利便上からも妥当であるとは思われない．その意味で，岩手県が，数十年から百数十年程度で起きる津波を基にし，東日本大震災のような「最大級」の津波は頻度が低いとして想定から除外して，24に区分した地域海岸の内10地域海岸について「堤防の高さ」の指針を設定したことは，合理的選択であったと評価できる[5]．この結果，9地域海岸で，今回の津波高さを示す痕跡より低く設定されることになり，被災市町村から不満の声が上がっている[6]．そうした被災市町村の心情は理解できるものの，堤防だけで防御するのではなく，それ以上の事態に対しては，各コミュニティに対して肌理の細かい避難体制を整え，避難訓練を徹底することで備えることが必要であろう．

集落の構成については，コミュニティの継続・再生を考慮し，かつ，土地利用の効率化のために，高密度・密集型の小集落を点々と配置し，それぞれに避難ビルを設けて，それらを連携するような市街地形成を図ることが考えられる．こうしたコンパクトな市街地は，避難情報伝達の容易さという観点からも効率的である．

図2.1　バンダアチェ復興案[3]

　図2.1 は，2004 年のインドネシア，スマトラ沖地震の後，著者がインドネシア計画省（BAPPENAS）の要請で提案したバンダアチェ復興案である．アチェ市は平坦で，海岸から 2km 以上行かないと高台がなく，津波浸水地での復興を余儀なくされた．図ではやや家屋の書込みが足りないが，提案は 1 集落 100 〜 200 世帯を単位としてかなり密集させており，避難ビルを兼ねた中心部の建物には，モスク，学校，商業施設などを収容することとした．一つの考え方として，参考に供したい．

《参考資料》
1) 西山康雄『危機管理の都市計画―災害復興のトータルデザインをめざして』彰国社，2000
2) 読売新聞「東日本大震災 6 カ月―復興『遅れている』」2011.9.8
3) Hideki Kaji, "Comments and Recommendations on Spatial Planning for Urgent Rehabilitation and Reconstruction Program of Banda Aceh City", Jakarta, 7 March, 2005
4) 姥浦道生「復興計画策定・実現の実態と課題」『日本計画行政学会第 34 回全国大会研究報告要旨集』2011, pp.349
5) 岩手県「岩手県沿岸における海岸堤防高さの設定について」2011.9.26
6) 読売新聞「堤防の高さ 10 市町村不満」2011.10.13

第3章
復興特別区域制度

3.1 復興特別区域の概要と各県の要望

　被災地域の実情に即した創意工夫のある，しかも迅速な復興を果たすためには，地方自治体の負担を減らすような財政的措置や，煩雑な計画執行手続きを簡素化したり，各省庁にまたがる認可権限を一本化したりするような制度的改変が不可欠である．このことは，復興構想会議の議論の過程で，被災県の知事らからも強い要望があったところから，復興基本法の中で，「復興特別区域」制度を活用できるという条文として(第10条)反映された(第1章参照)．

　復興特区は，復興手法の要と位置づけられ，7月末に政府が発表した「東日本大震災からの復興の基本方針(2011年8月11日改訂)」でも，

> 「地域が主体となった復興を強力に支援するため，(中略)区域限定で思い切った規制・制度の特例や経済的支援などの被災地からの提案を，一元的かつ迅速に実現する復興特区制度を創設する．具体的には，被災地域の要望を踏まえ，土地利用再編手続きの一元化，迅速化等の規制，手続等の特例措置を講ずるとともに，必要となる税・財政・金融上の支援を検討する．(後略)」

とし，復興特別区域制度の積極的活用をうたっている．

　この制度を具体的に運用するためには，当然ながら法的整備が必要であり，

「復興特別区域法案」が10月28日付で閣議決定された[1]．それによると，この特別区域は，「東日本大震災に際し災害救助法が適用された市町村等を全部又は一部の区域とする地方公共団体が，単独で又は共同して，復興特別区域基本方針に即して，復興推進計画を作成し，内閣総理大臣の認定を申請することができるものとする．」とされ，被災した11道県，222市町村で特区の復興推進計画が提出できることになっている．
また，復興推進計画の特例措置として，以下の15項目があげられている．

1. 漁業権の免許に関する特別の措置（漁業法第18条関係）
2. 建築基準法における用途制限に係る特例（建築基準法第48条関係）
3. 特別用途地区における建築物整備に係る手続きの簡素化（建築基準法第49条関係）
4. 応急仮設店舗・工場等の存続可能期間の延長の特例（建築基準法第85条関係）
5. バス路線の新設・変更等に係る手続の特例（道路運送法第15条関係）
6. 公営住宅等の整備に係る入居者資格要件等の特例（公営住宅法第23条，第44条，附則第16項関係）
7. 公営住宅の処分等の手続に係る特例（公営住宅法第44条，第45条，第46条関係）
8. 食料供給等施設の整備に係る特例（農地法第4条，森林法第10条の2等関係）
9. 工場立地法及び企業立地促進法における緑地規制の特例（工場立地法，企業立地の促進等による地域における産業集積の形成及び活性化に関する法律（企業立地促進法）関係）
10. 他の水利利用に従属する小水力発電に関する河川法等の手続の簡素化（河川法第35条等，電気事業法第103条関係）
11. 鉄道ルートの変更に係る手続の特例（鉄道事業法第7条関係）
12. 確定拠出年金に係る脱退一時金の特例（確定拠出年金法附則第3条関係）
13. 財産の処分の制限に係る承認手続の特例（補助金適正化法第22条関係）
14. 政令又は省令で規定する特例措置について，政令は施行令，省令は内

閣府と規制所管省庁の共同省令でそれぞれ対応
(1) 都市公園の占用に関する制限緩和(政令事項)
(2) 医療機器製造販売業等の許可基準の緩和(省令事項)
(3) 被災地における医療機関・介護施設等に係る基準等の特例(省令事項)
(4) 仮設薬局等の構造設備基準の特例(省令事項)
15. 施行令又は内閣府令・主務省令で定めるところにより，政令又は主務省令で規定された規制のうち地方公共団体の事務に係るものについて，条例での特例措置を可能とする．

この法案の成立に先駆け，各県では，特区制度を使った復興計画案がまとまりつつあり，岩手県では，「まちづくり特区」「二重債務対策特区」「漁業再生特区」など，10の復興特区が構想されている[2]．また，宮城県では「水産業復興特区」「民間投資促進特区」「クリーンエネルギー活用促進特区」などが，構想されている[3]．

ここでは，まちづくり特区と水産業特区，ならびに福島原子力発電所からの避難市町村の特区を活用した処遇について，特区のあり方を検討する．

3.2 農地転用と住宅地形成

岩手県の「まちづくり特区」では，土地利用規制等の手続きのスピードアップと，多重防災型まちづくりに向けた財政支援の拡充を提案し，土地利用手続きについては，国土利用計画法に基づく土地利用基本計画の調整・変更手続きの簡素化や，都市計画法の権限委譲，区画整理事業手続きの簡素化，市町村が行う開発行為の手続きの簡素化などを求めている．

しかし，前節で紹介した復興特区の特例措置における土地利用変更の手続きは，建築基準法の第48条，第49条に限定され，こうした幅広い規制緩和の特例とはなっていない．特に問題と思われるのは，多くの被災市町村で構想されている防災集団移転促進事業を適用して各集落を浸水地域から高台に移転する計画も，現行法体系では農地法で規制される農地転用手続きや，森林法における保安林解除による開発許可を受ける必要があるが，特例措置で

転用の優遇が認められるのは，食料供給施設等を整備する場合に限られている．

復興特別区域法案では，ここにあげられた15の特例以外に，「特定地方公共団体は，国に対し，復興の円滑かつ迅速な推進に関する新たな特別措置を提案できるものとする」としているが，そのためには，国と地方の「協議会」を組織しなければならず，迅速な計画の実現という意味では大きな障壁になると思われ，限界があろう．

一方で，農地転用については，農林水産省が震災の1週間後，手続きの迅速化を通達したことから，岩手・宮城両県の沿岸地域で転用申請が増え，読売新聞の調べでは，2011年4月〜10月の転用許可件数が，昨年同期の約2.5倍に急増しているという（表3.1）[4]．

これらの転用許可は，津波で自宅を失った被災者が，自宅のあった場所は建築制限で建てられないため，高台に所有する農地で早期に新居を建てようとするもので，申請すればほぼすべて認められているという．市町村の復興計画では特別区域の特例条項として考慮せず，個々人には運用上の緩和措置を取って事実上特例化しているという実態は，国の復興方針が一貫していない端的な事例といえる．

とはいうものの，こうしたバラバラの住宅再建の動きが進行していることに対しては，自治体が立案する震災復興計画の土地利用との整合性を崩してしまうだけでなく，上下水道や電気などのインフラの効率的再整備の妨げと

表3.1　農地転用許可件数

県	市町	2011年 4月〜10月	2010年 4月〜10月	倍率
岩手県	宮古市	31	19	1.63
	大船渡市	130	37	3.51
	陸前高田市	99	24	4.13
	12市町村計	358	158	2.27
宮城県	気仙沼市	257	40	6.43
	南三陸町	70	14	5.00
	石巻市	51	33	1.55
	15市町村計	518	194	2.67

なり，復興全体が遅れる危険もあるため，農地の転用を認める地区を限定したり，転用に当たっては，市町村との事前調整を条件としたりなど，一定の歯止めをかける必要があろう．

3.3 水産業特区の実効性

　復興特別区域一つの焦点となっているのが，宮城県の村井嘉浩知事が復興構想会議で提案していた内容を反映させた漁業権の免許に関する特別の措置を含む水産業特区である．法案によれば，「① 地元漁民を7割以上含む法人又は地元漁民を7人以上含む法人であって，② 経理的基礎，技術的能力，事業計画の具体性，地域の活性化に資する等の効果，他の漁業との協調等に係る審査基準を満たすものについて，漁業法第18条の規定（優先順位の規定）の適用を除外し，第1順位として特定区画漁業権に係る免許をすることができるものとする．」とされ，これまで漁協が優先となっていた漁業権が開放されることとなった．ただし，漁協と企業の両方が同じ漁場で漁業権を求めた場合は，知事が復興の担い手としてどちらがふさわしいかを判断，一方に権利を与えることになる．

　これにより，民間資本の導入の道が開かれ，水産業の復興を加速させ，あわせて地元の雇用確保を進める狙いがある．しかし，漁協側は，大手は業績不振になるとすぐ撤退するという不信感から大手の参入を敬遠しており，一方，大手企業は地元漁協が反発している状況では参入は難しいと逡巡している（イオン）．また，自社の工場が被災しており，現状ではその対応で精いっぱい（日本水産）という会社もある（2011年7月3日読売新聞）．

　したがって，漁協と大手企業の仲介役が必要となるが，目下のところでは，県がその役割を担うことが期待されている．しかし，こうした民間資本の参入促進，小漁港の整理統合といった構造改革自体が，国家の戦略に基づくべきものであり，県を越えたシステムの構築を必要とするため，県に任せておくのは筋違いであろう．

　そこで，第1章で述べたごとく，「復興公社」を設立し，公社が漁協と大手企業の仲介役を務めるような体制でないと，漁業改革という全体枠組みの中

での整合性が取れないのではないかと思われる．具体的には，既存の漁業権も含めて調整の対象とし，公社が漁協からいったん漁業権を買って，民間資本に貸し付けるなどの形をとり，貸付に当たっては，公社は民間資本と一定期限の不撤退，漁民の雇用保障，資金貸付，漁協との協力仲介などに関する契約を結ぶといった体制を提案したい．

　現行のままでは，県の特区による改革方針に対し，各被災市町村がどれだけ特区申請に手を挙げるか疑問であり，そうした水産業特区による水産業改革が実現するかどうか，全く予測できない状況である．

3.4　原発避難市町村（警戒区域）の処遇

　福島第一原発の警戒区域に関する最も大きな問題は，警戒区域内の78 000人の住民と，約600km²の土地をどうするかであろう．これに対する選択肢は二つしかない．第1は一定期限以内に帰還させることを前提とすることで，その場合は期限を明示することが不可欠となる．期限としてはどんなに長くても10年以内が限度ではないかと考える．そして，第2の選択肢は帰還をあきらめてもらうことである．

　第1の場合は，帰還までの仮の体制として，国がどこかの県市町村から土地を借り受けるなり国有地なりを提供して，町村役場機能とともに仮の自治区をつくることが必要であろう．一方，第2の場合は，警戒区域内市町村を廃町・廃村として，土地なしで人口のみほかの市町村に吸収合併させる以外にない．ただし，移転住民のために旧町の名前をつけた市街地を開発するなどの心情的心遣いは不可欠である．また農民に対しては農地を供与する必要もあろう．これらの土地はすべて旧町の土地と等価交換することになるが，民有地を買い上げて供与することは，国にとって多大の支出になることから，国有地を放出することを考えるべきであろう．

　廃町・廃村とした土地をどう使うかについては，放射能被害を受けないような活動を検討する必要があるが，徐染土壌の保管場所として使うとか，大規模な太陽光発電基地として使うとか，石油の自給可能性を実験する培養槽

をつくるとか(筑波大学渡邉信教授「オーランチオキトリウム」によるオイル生成：2万 HA の培養槽→2億トン／年のオイル生成可能)，種々の可能性があり，人知を結集すれば，必ず無駄にならない使い道があると考える．

　この問題について政府は，9か月もの間，何らの方針も明らかにしてこなかったが，12月16日に野田首相が事故収束の工程表「ステップ2」の完了を宣言したことを受けて，ようやく，警戒区域と計画的避難区域について，年間放射線量に応じた三つの区域に再編し，帰還の目安を示す検討に入った．

　それによれば，年間放射線量が20ミリシーベルト未満を「解除準備区域」とし，早ければ2012年3〜4月ごろに帰還，20〜50ミリーシベルト程度を「居住制限区域」，50ミリシーベルト以上を5年以上生活できない「長期帰還困難区域」とする方針といわれている．

　しかし，すでに帰還が許された「緊急避難準備区域」からの避難民でさえ，54％が「帰らない」と言っているという調査結果もあり(2011年12月31日読売新聞)，ましてや「長期帰還困難区域」に人々が戻ってくるということは考えられない．

　結局，政府ははっきり帰還できないと言わないことで，必要となる対策を講じることから逃げていると考えざるをえず，そして，そのしわ寄せはすべて避難住民にかかってきているである．

《参考資料》
1) 東日本大震災復興対策本部事務局「東日本大震災復興特別区域法案」2011.10
2) 岩手県「岩手県東日本大震災津波復興計画—復興基本計画(案)」2011.8
3) 宮城県「宮城県震災復興計画—宮城・東北・日本の絆・再生からさらなる発展へ」(第二次案)
4) 読売新聞「農地で自宅再建加速」2011.11.6

第4章
復旧・復興に関する論点整理

4.1　はじめに

　序章で述べたように，日本計画行政学会計画理論研究専門部会では，2011年3月11日に発災した東日本大震災の復旧・復興に対して，発災後半年間に合計4回の専門部会(第9回〜第12回)を開催し，専門部会内外の参加者とともに議論を行ってきた．これらの専門部会では，開催主旨の特殊性，公共性を考慮して，専門部会委員のみでの閉鎖的な会合ではなく，開催主旨に関心を持った方々に広く公開して参加者を募った．したがって，参加者の中には，多くの大学院生などの若い世代も含まれており，幅広い参加者があった．また大学や研究機関に勤務する研究者や専門家だけではなく，長年コンサルタントや建設会社に勤務しているため実地経験の豊富な方々，公務員の方々など，参加者の職業も多様であった．すなわち，本書の誕生する母体となったのは，これらの幅広い年齢層，多様な立場の方々が積極的な議論を重ねてきた成果であるといえる．

　上記4回の専門部会では，まず，本章の著者の2名に加えて，梶秀樹東京工業大学教授，根本敏則一橋大学教授，渡辺俊一東京理科大学教授，風見正三宮城大学教授など，本書の著者らとその関係者を中心として，現地調査の成果を交えながら話題提供を行った．これらの話題提供によって明示された復興・復旧に関する重要な課題については，本書の筆頭編著者の梶教授の報

告内容に負うところが大きい．そのため，第Ⅰ部において，第1章では復興の前提と中長期指針，第2章では復興の計画過程，第3章では復興特別区域制度という3点にまとめて，梶教授がそれぞれの点について詳細な説明を加えるとともに，これまでの合計4回の専門部会における提案をさらに深めた見解を示している．

　そして，上記4回の専門部会では，各報告者から提供された話題をもとに，参加者にもそれぞれの視点からの意見を求めるとともに，重要な論点に関しては報告者と参加者が自発的な議論を行ってきた．本章は発災後半年間に行われたこれらの議論の成果をもとに，論点整理を行うことを目的とする．具体的には，第Ⅱ部の各章のテーマに示されるように，主な論点を七つに分類して論点整理を行う．さらに，これらの七つの論点を本書の第Ⅱ部につなげて，多様な分野の専門家がそれぞれの専門分野や隣接分野の論点に対してさらに議論を深め，それぞれの視点から具体的な提言を行うものである．

4.2　行政の役割

4.2.1　行政の復旧・復興のためのBCP

　今回の大災害では，国は緊急災害対策本部を設置し，現場の県・市町村に設置された災害対策本部と密接な連携をとり，救急・救援，応急復旧などの総合調整・意思決定を行ってきた．しかしながら，マスコミの報道にも見られるように，必ずしも現地のニーズに即した意思決定がなされているとはいえない．その典型的な事例が瓦礫の撤去である．国の指針などに基づいて現場は瓦礫の撤去を進めようとしており，国がほぼ全額を負担することになったものの，その進捗ははかばかしくない状況である．これは現場でさまざまな種類の瓦礫が発生したこと（今回の大災害では漁船などの問題もある）に対するニーズにうまく応えられない点に問題があるのではないかと考えられる．したがって，被災地域の各県が財政の面でも大幅な権限を持つことができるようにすることが速やかな対応につながる．そのような意味で，昨今議論されている道州制について，災害対応の面から再度検討することが必要であると考えられる．

発災直後から，県・市町村は災害対策本部を設置し，非常時の体制となる．この体制の下，救急・救援，応急復旧と続く数日間は，平常時の行政機能はほぼ停止して，災害に対処することになる．その間，災害情報，避難情報，被害情報，安否情報の収集，管理，発信を行い，住民の安全，安心を確保すべく活動しており，平常時の行政機能は一時的に停止している．そして，今回の大震災では，市町村合併の弊害，すなわち，吸収合併された旧町村部における救急・救援，応急復旧活動における意思決定が速やかに行われたかどうかを検証することが必要となる．旧町村部が単独の自治体であれば，災害対策本部が設置されて非常時の機能が発揮できるが，合併後の支所の位置づけとなると，本庁舎に設置される災害対策本部との連絡，調整が優先されることになり，現場での判断によって速やかに状況に対応することが困難になると考えられる．対等合併においても，庁舎が設置された地理的位置によって，同様のことが考えられるのではないだろうか．

　このような都道府県・市町村での災害対策本部の設置には，少なくとも「ヒト・モノ・カネ・情報」が備わっていなければならない．特に「ヒト」の場合には，救急・救援，応急復旧などの分野で，専門家と同等の能力で活動することが求められる．したがって，日常の防災訓練が大きな意味を持っている．ところが今回の大震災では，庁舎の破壊，担当者の死亡など，「ヒト」「モノ」「情報」といった救急・救援に必要な資源が著しく失われた市町村では，災害対策本部が有効に機能せず，救急・救援，応急復旧に大きな影響を与えたことは記憶に新しい．このような市町村に対して，日本全国の多くの都道府県・市町村から「ヒト」の支援があり，救急・救援，応急復旧そして復旧へと進展が見られた．「ヒト」「モノ」に対しては，このような支援が行われれば，非常時における対応はそれなりにうまくいくが，応急復旧から復旧に向けて住民が日常的な行政サービスを受けようとしたときに，「情報」が喪失していれば各種の問題が発生してくる．「ヒト」「モノ」がいくらあっても，行政が日常時に活用する「情報」がなければ，住民ニーズには対応できない．そこで，「情報」のリダンダンシーを考えることが重要となり，広域市町村圏のそれぞれで，あるいは友好都市などの取り決めを交わしている市町村に，「情報」のバックアップを置くなどの対応をとることにより，行政の業務継続が可能となる．

すなわち，「ヒト」「モノ」「情報」に関わるBCP（Business Continuity Preparedness：業務継続計画）を日常時に行っておくことが，応急復旧，復旧，復興が速やかに進んでいく1つの条件となる．

4.2.2　国および地方自治体の責任

東日本大震災のように大規模かつごく稀にしか発生しないような大災害では，被災者に自己責任を問うのは酷な面があり，国が責任を持つことが必要であると考えられる．例えば，損害保険でも地震は基本的には免責になっているので，このような場合，政府が表に出ることが本質的に期待されている．特に100年に1回という未曾有の大災害に対して，損害保険の商品をつくることは困難なので，補償が難しいものに対しては，なんらかの形で政府が関わるべきである．したがって，復興については国の責任をルール化するなどなんらかの形で決定していないと，大震災の特別措置法だけで対応することは不可能である．ただ，補償については無駄遣いになるという心配も一方ではあり，このような点についてはくれぐれも注意して確認・監視していく必要がある．

生活再建のための最初の基盤をつくることはよいとしても，例えば，宮城県が提案している平野型，リアス式海岸型，都市型などの復興タイプを目指すときに，土地を全部買収するとすれば，海水に浸かった農地は価値がないので，ただに近い値段で買収できれば問題はない．一方，堤防をつくり，浸水した農地で農業を続けるということを被災した農家の既得権と考えれば，従前の土地の値段で買収することになるので，多額の資金が必要になってしまい，合意形成がうまくいかないのではないかと考えられる．しかしながら，宮城県では，土地が利用しにくくなったとか，家が流されてしまったという理由で，ゼロから始めることになるため，土地の値段をめぐって多様な問題が出てくるかもしれないが，合意形成は不可能なことではないだろう．

一方，東京や名古屋を含む東海地域も今回と同様の規模の大地震が生じ，その影響を多分に受ける危険性があるので，東京から名古屋までの地域全域において，宮城県の提案している平野型またはリアス式海岸型，都市型で復興を目指すことになるとすると，全域を改造することになる．したがって，

現住の住民を退去させてリアス式海岸型復興を目指すということは，資金的な面からも不可能になるものと考えられる．宮城県が提案しているように，このような実現不可能なことが復興のモデルになるということは，要するに，100年に1回程度の頻度によって大津波で流された地域だけに適用できるモデルということになる．

4.3 都市計画

4.3.1 都市計画と地方自治体の役割

都市における土地利用の規制・誘導は，1919年の都市計画法で3種（住宅用地・商業用地・工業用地）の用途地域が規定されてから始まるようになった．このような用途地域は，米国・ニューヨーク市でのゾーニング制から数年を経ずして制定されたものである．戦後の高度経済成長に伴う都市化の進展から1968年には旧法が大幅に改正され，当時の都市における土地利用に即した8種類の用途地域（住宅系：3種類，商業系：2種類，工業系：3種類）に改正された（新法）．このときに，都市化を進める地域として都市計画区域が定められ，都市計画区域において積極的に市街化を進める区域（市街化区域）と農地などにより市街化を抑制する区域（市街化調整区域）に分ける線引きが行われた．この線引きと用途地域は，その当時の土地利用を追認する形で行われたといえる．1992年に新法が改正されて改正法が制定され，再び用途地域が改められ，高層マンションなどの出現による現状に合わせて，新法の8用途のうち住宅系の3用途が7用途に細分化された．

今回の災害における多くの被災自治体も，このような都市計画法の変遷に従って，都市計画区域を設定し，線引きを行い，用途地域を定めてきた．言葉を換えれば，市街化を進めてきたのである．このように市街化を進めてきた地域の多くは，港を中心とした市街地，大規模工場を中心とした市街地となっており，いずれも海辺のすぐ近くにある．市街化区域や用途地域を設定することは，都市計画として居住する場を設定することであり，多くの人を居住させていくことになる．被災地域には人口の高齢化，そして減少に悩む多くの市町村があるが，いまだ多くの居住者が市街化区域や住宅の用途地域

に居住しており，そのような地域を大地震とそれに伴う大津波が襲ったのである．被災した多くの市町村は，これまでにも津波の影響を受けてきており，そのために防波堤や防潮堤の建設などの対策が行われてきた災害常襲地であった．このような地域を市街化区域や用途地域を指定して，多くの居住者を住まわせた結果，多くの被災者が出たことに，都市計画の責任は大きいのではないかとの疑問が生じている．

そのため，例えば宮城県の提案している平野型，リアス式海岸型，都市型の復興計画は，市町村の置かれている地理的条件などを考慮して，津波の災害常襲地には復興しない，もしどうしても復興するならば，前述のように防波堤や防潮堤などの対策を十分にとることなどの減災を目指すものにする必要がある．しかしながら，これだけで十分かというとまだ問題がある．そのため，まず被災した現状からハザードマップを作成し，災害リスクを考慮して復興の都市計画を作成する．ここまでは上記の平野型，リアス式海岸型，都市型の復興計画であるが，さらに作成された都市計画について，災害影響アセスメントを実施することが必要であり，来るべき災害に対する都市計画の実効性を検討して実施に移していくことが問われる．災害影響アセスメントはこれ自体を単独で行うことも重要であるが，都市計画と環境との関わりも減災を考えるうえでは必要不可欠であるので環境アセスメントの一部とし，総合的なアセスメントを実施することが必要である．さらに，復興計画を作成する段階で，SEA（Strategic Environmental Assessment：戦略的環境影響評価）を実施していくことが望ましいものと考えられる．

4.3.2 都市計画技術の課題

東日本大震災の復興は，発災後の救急・救援・避難から応急復旧，復旧，復興へと進展しており，現在では復興の計画づくりから復興事業の実施へと歩を進めている．しかしながら，復興計画は遅れている感は否めず，それは，防波堤の高さが決まらない（可住地の指定ができない），国の予算が決まらない（各種事業に着手できない）など国の指示待ちの面と，復興計画を策定する自治体の「空間計画」の前提が決まらない面によるものと考えられる．

復興の計画づくりは，上記のような問題があるにしても進めていくことが

必要であり，特に都市計画に関しては，前述のように都市計画のあり方を再度検討していく必要がある．その中で重要なことは，そこに居住する住民の意見をいかに取り込んでいくかであり，住民主体の都市計画に持っていかなければならない．すなわち，住民が自分たちのコミュニティの将来像を，住民主体の学習でのビジョンづくりによって決めることであり，これまでの全国画一の都市計画技術・事務という「都市計画」を乗り越え，「基礎自治体の空間サービス」という公共サービスを確立することで，復興の都市計画は策定されなければならない．その際の大きなポイントは土地利用の概念であり，日本の都市計画は，建築・開発規制を行うのみであるため，旧法・新法・改正法と旧法成立100周年（2019年）を迎えようとしているものの，それほど進化していないようである．一方，欧米の都市計画は自治体経営の中核的な手法になっており，都市的・非都市的な土地利用の一元的計画・管理を行っている．したがって，日本の都市計画も，欧米の事例に向かって進化する必要がある．

現在の被災地域を見ると，土地利用に関わる特有の問題が存在している．それは，住めなくなったからといった理由や浸水など強制的に利用できなくなった「不用地」と，津波によってなぎ払われてしまい，持ち主が不明，境界線が不明などの「不明地」が多量に発生していることがある．これらの土地をどのように利用すべきかは，新たに浮かび上がった復興の都市計画の重要な課題となっている．これをどう解決するかは難題であるが，土地の「所有」・「利用」の関係から見ると，「所有」の制約を越えて，「利用」をコントロールする方式をとる必要がある．土地利用の公益性を考えると，これまでは開発の利益をどう確保するかという高度利用化が土地の公益性であったが，被災地域に限らない問題ではあるが，上述のような「低度利用」にならざるをえない土地利用について公益性をどのように考えるかは，復興計画においても十分に議論すべき点である．

このような復興の都市計画を進めていくには，地元住民が主体となることは必然であるが，そのために外部からの専門家やNPOの適切な支援が要請される．それにより，先駆的な自治体での取り組みを発掘・評価することが必要である．発掘に当たっては，適切に復興の都市計画を策定・実施した「賢

い5％の自治体」を探し，次に来るであろう津波の際に計画の検証をすることができる．東日本大震災での復興体験は，これから来るであろう首都直下型地震，東海・東南海・南海の三連動地震における関係自治体のモデルになりうるものであるため，普遍化することが要請される．

4.4 地域再生

4.4.1 地域再生モデルとしての健康都市づくり

(1) 復興計画における医療・福祉分野の充実の必要性

　総合地域開発，広域の開発，復興において，保健，医療，福祉の面から考えると，被災地域の高齢化が非常に高いことが重要な点となる．第1次産業の場合には，人々は仕事ができる間は仕事をするが，そこに必ず医療，福祉が必要となる．福島県いわき市の場合には雇用が創出されて，生産性は高くなくとも安定しているといえるが，例えば，産業について復興計画を立てていくときには，医療，福祉のニーズもあわせて復興計画の中に位置づける必要がある．医療は，本来，医療法の下において都道府県単位で広域の医療保険ごとの地域医療計画を持っているが，医療機関そのものは民間の管轄下にもある．また，福祉は市町村が計画するが，民間もサービスを行う．被災地域には医療機関や福祉施設が減少している地域や経営が困難な地域があるが，民間も関与するという点には留意しなければいけない．そして，多くの人たちは産業に従事しながら居住地に住み続けたいという希望を持っているので，高齢になっても安心して住めることが必要であり，若い世代には当然子どもの問題がある．したがって，これらの問題をあわせて考えていかなければ，産業が復興しても住民が必要なものは結局何もそろわないという結果になってしまう．

　また，福祉施設の建物はあっても，介護の人材はある程度短期間で育成できるが，医師や元締めとなる看護師はかなりの技術が必要であるため，介護に従事している医師・看護師が安定して仕事ができることもあわせて考える必要がある．もちろん，保健，医療の分野でも，今回被災した医療機関をそのまま以前の場所に復興させることには議論の余地があるが，産業再生と保

健，福祉などの再生を別々に切り分けて復興計画を立ててしまうと，将来的にこれらの分野がどうしてもうまくマッチしなくなる．被災地域からいったん流出した人口が今後どのくらい戻ってくるかということも関係がある．広域の地域を対象にこのような点を考えたとき，複数の分野の計画をすり合わせて，その地域の市町村とも連携できるかという仕掛けづくりについて検討する必要がある．例えば，宮城県では自治体17市町村，つまりほとんどの市町村で復興計画が完成している．復興のためのまちづくりのプランには市民のさまざまな階層が代表として参加しており，このうち医療や福祉の関係者がどのくらい参加しているかは不明であるが，上記の点は当然そこで議論されるべきである．

津波で病院が数多く被災したが，学校の高台立地と同じように，特に病院はやはり災害後は復興の拠点になるので，絶対に高台に建てることが必要である．このような意味から，これまでのまちづくりは，福祉や医療を統合した形でできてはいなかったのかもしれない．病院などの医療関連施設の立地は，被災地域ではない地域も含めて，これまでは平常時だけが想定されていたものと考えられる．したがって，被災地域では，大震災からの復興が上記施設の立地を見直すよい機会になるものと思われる．

(2) 高齢者ケアの必要性

被災後，被災者が避難所や仮設住宅に入ると，そのコミュニティはバラバラになってしまう．高齢者はコミュニティの中で今まであったものがなくなってしまうと，精神的なダメージも大きくなると考えられる．その場合にコミュニティをどうやって継続させていくかということは，普段考えておかなければいけない．被災前は，家族や近隣の人々がいる場合には，これらの人々ができる範囲で高齢者のケアをやっており，住民の方々のできる範囲の中でバランスを取ることができていた．しかし，東日本大震災では，被災後，避難所あるいは自宅に残っている高齢者に，被災地域外からの支援があっても，さらにさまざまなサービスを提供しないといけない状況であり，サービスを提供する側の人数も少なかったという問題があった．すなわち，被災地域では，福祉，高齢期の在宅ケアが十分ではなかった．それについても，家族であるいはその近隣の人々で高齢者を看ている中で，これからどのような

対応を行っていくかが課題となる．その一方で，人口減少に加えて地域内で歯が抜けるように周囲の人々がいなくなると，家族や近隣で高齢者を看ることが地域内で不可能になるという微妙なバランスにあることから，住民参加により医療や福祉の計画をつくる必要がある．

4.4.2 コミュニティベースでの復興
（1）被災地域におけるコミュニティの問題

災後の大きな問題として，被災地域のコミュニティの人々が離散する問題があり，例えば，福島県の原発周辺地域の人々は，これまで居住していた地域に住むことができなくなるので，避難したさまざまな地域で，総合的な関係やコミュニティの中において人間関係を築いていく工夫などが課題となる．都市社会学では地域内の住民たちのクラスター構造を分析する手法があるが，このクラスター構造に着目して，どのような人々を軸とすれば，どのようなことが可能になるのかを明らかにし，避難先に移転したときの人間関係や依存関係を改善することも，地方自治体では検討すべきではなかったか．特に福島の原発の周辺地域のように，地方自治体の首長が地域社会全体で移住を検討する場合には，上記のように地域住民のクラスター構造を分析し，リーダーを中心にどのようなネットワークがあって，どのような社会構造があるのかということをしっかり把握したうえで，集団移転計画を計画する必要がある．

また，高齢者問題はコミュニティの問題の中でも特に重要であり，大都市の再開発においても高齢者が他地域に移ると，生活行動として建物の構造が刷り込まれているので，早死にすることが懸念されている．そのため，高齢者が集中して居住している地域は，再開発してはいけないということも主張されている．したがって，避難場所への移転，仮設住宅への移転，半永久的な他地域への移転のいずれの場合においても，高齢者がもともとの居住地からほかの場所や地域に移転せざるをえない場合には，十分な配慮が必要である．

（2）コミュニティの再生と産業の改革

被災した地域のコミュニティを丸ごと他地域に移して，その地域でうまく

自活していくにはどのようにすればよいのかということを明示できる計画を立てて住民に提供し，受け入れ先の地域を探すという方法が必要ではないかと思われる．地域再生では，地域全体を変えることになり，人々が高齢化して衰退していく一途の地域を再生させることは，地域の構造が大きく変わっていくことになるので，従来の発想ではなく，構造改革をすることになる．したがって，その構造改革の中で新生するという発想の計画も提案できる首長が必要である．

　上記のような発想として，漁業および水産業の大改革がまずは提案できるが，このことは漁業者にとっては自営業者がサラリーマン，要するに雇われ人になることを結局は意味する．漁業従事者にとってそのほうが圧倒的に有利であれば，サラリーマンになるはずなので，提案すべきである．政府の復興構想会議は，2011年5月に，「教訓を次世代に伝承し，国内外に発信する」「地域・コミュニティ主体の復興を基本とする」「技術革新を伴う復旧・復興を目指す」「災害に強い安全・安心のまち，自然エネルギー活用型地域の建設」「大震災からの復興と日本再生の同時進行を目指す」「原発事故の早期収束」「国民全体の連帯とわかちあい」というフレーズに要約できる復興構想7原則を決定した．しかし，復興構想会議が被災地域の中心産業である漁業および水産業に対してどこまで踏み込んで提言するか未知数であり，コミュニティについては言及されているものの，これらの産業については何も述べられていない．

4.5　産業再生

4.5.1　漁業の再生とコモンズとしての漁場

　東日本大震災前の状態へと漁業がそのまま復興することは望ましくないが，漁業への民間企業の参入を前提とした漁業の構造改革には，弊害が生じる可能性もある．あたかも漁業権は漁業協同組合が独占的かつ排他的に確保しているという印象が持たれているが，これはよくいわれる「共有地の悲劇」を招くのではないかと思われる．これまでは共有地があってみんなでその使い方を議論していたが，構造改革で民間企業が漁業に参加すると，みんなが勝手

に使用してよいという場合には，すさまじい勢いで取り合いになって，結局なくなってしまうということが起こりうるのではないかということが憂慮される．例えば，参入した外部の資本は，その地域の漁業に関して責任を全く持っていないが，漁民はそこで生活しているので，このような責任を認識している．したがって，共有地としての漁場をいかに守るかということは，歴史的にずっと積み重なってきて，やっと維持しているものである．それは，経済の論理から見ると，非常にちまちました小さいものであって非効率であるという議論があるが，自由競争で大きな資本が入ってくれば効率的であるということになった場合には，日本の漁業は壊滅的な状態になるのではないかと思われる．

　宮城県知事は，漁業への外部資本の導入を提案しており，宮城県内の漁協はそれに激しく反対している．それは，大資本の民間企業は不採算になったら結局は撤退してしまうのではないか，そうすると食い荒らすような形で既存の漁業者が壊滅してしまうだろうということが理由のようである．したがって，参入後の数年間は撤退できないなど，新規参入者のルールをつくることが必要である．また，一般の漁業者を雇用することになるので，その雇用関係についても保証する必要がある．このような一般の業者や大企業が漁業に参入するとしても，今までの中小漁業者も当然残るわけなので，漁業の関係主体すべての間でルールをつくるなど，取り決めをすべきことは多いのではないかと考えられる．

4.5.2　産業のサプライチェーン

　産業については農業と漁業・水産業に集中して議論が行われているが，今日の日本の産業は情報産業やサービス産業が大半を占めており，この点を復興計画，地域復興計画にいかに組み込むかという点が不明確である．津波で被害を受けた地域はもともと農業と漁業の盛んな地域であり，本当に競争力のある地域は復興すべきものと思われるが，東北全体の受け皿として農業，漁業がどのような役割を果たしているのか，競争力を持っているのか，この際もう一度検討する必要がある．

　産業の中で，ロジスティクスやサプライチェーンに注目すると，東北地方

は自動車メーカーが集中しており，徐々に集積が増えてきていた．例えば，部品メーカーに関してはおおよそ1 000社くらい立地している．関東・東海地区に比べると，まだまだ集積が少ないが，トヨタをはじめとする企業では，関東・東海地区に工場が集中しているため地震のリスクが心配であることから，東北にも集積させることにしていた．そして，東北地方の工場では，非常に先端的な車体の電子部品を製造しているものもあり，このような工場は競争力を持っている．メーカーはほかの部品メーカーも含めて，このような工場が操業停止になると，自分たちの仕事ができなくなるので，これを避けるために大量に人員を動員して一気呵成に復旧が進んだ．いずれにしても，非常に早いスピードでの復旧が民間だけの力で進んでいるということは，我々はぜひ知っておくべきことである．韓国や中国に対抗できるように，第2次産業を育てることは，東北全体の復興という面で重要である．第1次産業について考えると，特に漁業はある意味でサプライチェーンである．造船業，網などの漁具をつくるメーカー，魚の卸屋，水産加工業などさまざまなものが張り付いており，サプライチェーンの一つとしてとらえることができる．ただ，漁業では，自動車の部品メーカーの場合のように，強い競争力があって内部統制ができているわけではない．

4.6 情報の利活用と弊害

4.6.1 メディアの役割と風評被害

　東日本大震災では，阪神・淡路大震災のときとは大きく異なり，震災直後からソーシャルメディアといわれる新しい形式のインターネットを利用したメディアが大きな役割を果たしたことは特筆すべきである．例えば，安否確認，被災地域からの被災状況に関する情報発信，救援物資や避難場所に関する情報発信などでの利用が代表例としてあげられる．しかしながら，そもそも風評というものは，マスメディアやソーシャルメディアなどの各種メディアが広めたものではないだろうか．特にソーシャルメディアは伝播力や影響力が非常に大きく，風評被害の著しい速度の拡散に大きな影響を与えている．例えば，福島県内の農家は，風評被害が拡散してしまったおかげで，野菜や

果物などを販売することができず，経済的だけではなく精神的にも大きな打撃を受けてしまった．この解決方法としては，上記の各種メディアを逆に利用して，福島県の野菜を使った料理会，すなわち福島産の野菜を使って福島産がこんなに安くておいしいという大規模なデモンストレーションを行うことなどが必要ではないだろうか．

4.6.2 リスクコミュニケーションと情報の信頼性

　三陸地方には，大きな津波がこれまでに何度も押し寄せてきており，そういった過去の教訓が生かされているのかが大きな問題になる．また，国，県，市町村の情報共有が行われているのかという点も，復興計画を考えるうえで重要である．リスクコミュニケーションにおいては，インターネットの活用をどう考えていくのかという問題もある．今後，復旧に関して行政が担う役割が大きいが，国が発信する情報は信頼性に欠けるのではないかという疑問が生じている．例えば，海外メディアからも指摘されているように，政府は原発問題を過小評価していたことや，水や野菜などから放射性物質が観測されているが，人体に影響を与えないということが判明してから一般の人々に伝達するのでは遅いわけであり，これらのことは逆に社会不安を煽っている可能性がある．このように，発信する情報の信頼性や情報統制についてもよく検討する必要がある．

4.7　自然環境との共生

　津波の被害を受けた地域の人々をどう支援するかは問題であるが，これまで三陸海岸などで住民は大津波を経験して，一時的に高所移転や他地域移転をしたとしても，結局のところ元の場所に戻ってきてしまっている．このことは，おそらく，利便性や快適性を確保したうえでの居住場所がないということが理由ではないかと思われる．北海道には，地震災害の被災者が集団移転をした歴史もあるので，全く他の地域への集団移転という選択肢も考えられるのではないだろうか．元の場所またはその近隣の場所に住み続けるという選択をする人々にとって，その地域の自然環境は美しい景観や豊富な漁場

を与えてくれるが，しばしば災害を起こしているため，自然環境と共生すること自体が大きな課題になるといえる．

一方，福島原発の周辺地域では，放射能の問題があり，住民は他地域に移転せざるをえない．しかし，集団移転あるいは個人移転は地域社会にどのような問題を起こすのかという点が浮かび上がる．例えば，漁業や農業の政策基盤，あるいはコミュニティなどの地域社会が抱える問題があげられる．具体的には，高齢者が他地域に引っ越すと消耗してしまうということがよく指摘されているが，移転後の生活基盤をどのようにつくっていくべきか検討する必要がある．

4.8 原発災害

4.8.1 原発の周辺区域への国の対応

原発の周辺の警戒区域内は，住民が1年や2年で戻って住めるということはないものと思われる．その意味では，警戒区域で町のほぼ全域が20キロ圏に入っている5町，双葉を含め大熊，浪江，富岡，楢葉については廃町として土地は国が買い取り，住民は土地なしで他の市町村に合併する策があげられる．計画的避難勧告区域でも，類似した国の対応が必要である．国が買い取った土地は，国有地として利用を制限する．そして，合併を受け入れた市町村では，旧町の名前を冠した新姉妹町を建設するという思い切った手当てが必要である．いずれにしても，原発の安全性に対して，今後きちんとした形で対応できないものであれば，国民の負担を国がカバーしていくことを考えると，土地の国有地化が必要になってくる．

4.8.2 風評被害の農家への対応

風評被害は長く続くことが予想できるので，福島県の農産物が全く心配なく市場で取引されるのには，相当長い時間がかかると考えられる．そのため，今後の数年は，農作物の出荷ができない状態が続くことになる．そこで，これに対応するために，福島県，茨城県を農業構造改革特区に指定して，TPP（環太平洋戦略的経済連携協定）による関税引き下げのための実験農場化とす

る．日本の農産物がTPPに参入できないのは，農作物の生産コストが高いためであり，この理由は農場規模が小さいことであると考えられる．農地の大規模化をするためには，個別の農家は土地を売らなければいけないので，福島県の現状は農地の大規模化を促進するチャンスであるとも考えられる．そのためには，国が原発の周辺区域を特区に指定し，直接的に資金を投下して大規模化を図っていくことも提案できる．

　大規模化しても風評被害により市場取引できないと困るので，農業の工業化を国が支援して，大規模化した地域で太陽エネルギーを生産し，それを利用することがあげられる．農業を工業生産化すれば，放射能被害という風評を払拭できる可能性がある．ただ単に保障することではなくて，工業化と大規模化を同時に目指し，大資本を参入させることにより農業の工業生産化を図る．このような大規模な改革ができるのならば，いくら原発の周辺区域であっても復興が可能になる．

4.9　おわりに

　以上で述べたように，本章では，発災後半年間に計画理論研究専門部会の4回の専門部会において行われた議論の成果をもとに，主な論点を「行政の役割」「都市計画」「地域再生」「産業再生」「情報の利活用と弊害」「自然環境との共生」「原発災害」の7つに分類して整理した．論点の中には，国や地方自治体がこれまでに行ってきた対応についての批判が示されているもの，これまでの行政や民間の対応ではあまり考慮されていなかったもの，論者の自発的かつ独創的な意見に基づくものが含まれているのではないだろうか．

　さらに第Ⅱ部では，多様な分野の専門家がそれぞれの専門分野や隣接分野の論点に対して，上記の専門部会における議論の内容をできるだけ網羅的に深化させ，復旧・復興ではどのようなことが必要なのか，私たちはなにをすべきなのかという点について，具体的な提言を行う．そのため，各章の著者は，それぞれが持つ知識，これまでの研究成果や経験をもとに，さらにさまざまな方法で独自に情報収集を行ったり，被災地域における現地調査，文献調査などを行ったりしている．また各章の提言の内容には，著者それぞれが，

東日本大震災そのものまたはその影響を実際に体験して，被災地域や被災された方々に対する思い，復旧・復興だけではなく今後のわが国の進むべき方向性などについて考えた成果も，多分に含まれているのではないかと思う．

そして，第Ⅱ部の各章の著者には，本書における提言をもとに，今後も研究活動，被災地域における支援活動などを継続し，さらに充実させた研究成果やそれに基づく提言を社会に広く還元することが期待される．

第Ⅱ部

東日本大震災の復旧・復興への提言

第5章
行政の復旧・復興のためのBCP

5.1 はじめに

5.1.1 国際社会の災害対応

　災害は，先進国，途上国を問わず襲ってくる．東日本大震災は日本にとって防災に対する1つの節目となる大きな被害を与えた．2011年10月11日現在での警察庁調べでは，死者が15 822人，行方不明3 923人で計19 745人となっている．発災後1か月の4月12日現在の警察庁調べでは，死者13 333人，行方不明15 150人，計28 483人で，これと比較すると死者の増加に対して行方不明者の減少が大きく，当初は不明であった生存者が多く見つかってきた．これは後述するように，当初混乱していた市町村における住民情報の管理がうまくいくようになってきたものと考えられる．

　また，災害の被害額も被災地が広域にわたることから非常に大きく，内閣府の調べでは，約17兆円に達するものと推計されている[1]．阪神・淡路大震災では直接被害額が約10兆円と推計されているので，これと比較すると1.7倍の被害額に上る．これをGDPの割合で見ると，阪神・淡路大震災の約2%に対して約4%とかなりGDPに占める割合が大きい災害となった．

　途上国においても20世紀から災害は頻発しており，その被害は途上国の持続的発展を妨げるものとなっている．この10月もタイ国で大洪水が起こり，グローバル化で世界展開している日本の自動車産業の現地工場が大きな

被害を受けている．これはタイ国のみならず日本の被害にもなる．このような先進国・途上国を問わない自然災害に対して，国際連合は，1990年代を日本とモロッコの共同提案で「国際防災の10年（IDNDR）」とすることを決定し，自然災害の軽減への多くの国際協力の取り組みが行われた．IDNDRは，21世紀に入り，「国際防災戦略（ISDR）」と名を変えて国連の通常の活動となり，各種の災害被害軽減の活動を全世界で展開している．

ここで，ISDRでは，自然災害を定義しており[2]，大きく3つに分けている．
① 水・気象学的災害：大気環境の自然現象により起こるもので，洪水・高潮・暴風雨・干ばつ・地すべり・土石流などがある．
② 地球物理学的災害：地球内部の自然現象により起こるもので，地震・津波・火山噴火などがある．
③ 生物学的災害：生物に由来する災害現象であり，伝染病・虫害などがある．

前述したように水・気象学的災害は，地球上の水循環の早さからか，頻度や規模が増大してきている傾向にある．これは，日本においても8月・9月の台風は，日本に大きな被害を与えており，東日本大震災の被災地においても例外ではないことからも示される．一方地球物理学的災害，特に地震は，日本において首都直下型地震や東海・東南海・南海の三連動地震など，いつ来てもおかしくないといわれている．途上国においても同様に，災害の脅威が高い水準にあり，国際社会が災害対応をさらに進めていくことが問われている．

5.1.2 都市を安全にするガイドライン

IDNDRでは，その活動の1つとして，「都市を安全にするガイドライン」を公表した[3]．これは特に途上国において災害が襲った場合に被害が大きくなる都市において，どのように災害へ対応していけばよいのかを4つのポイントからガイドラインを提示しているものである．都市の大きな特徴として人口が密集していることがあり，さらに途上国においては貧困者が多くを占め，行政も住民も日々の業務・生活を考えるのに手一杯で災害への備えはできない状態を改善していくことを目的としている．これは，途上国ばかりで

なく先進国も同様であり，今回の東日本大災害においても被害が大きくなった裏には，未曾有であったにしても，行政に，また住民に足りなかったものがあることを示唆している．

　災害の被害は，以下に述べる4点に対応していくことにより被害を軽減することができるものと考えられる．これは，復興構想会議が，6月の提言で述べた減災対策であるといえる．このような減災対策を何時行うかが重要な点になるが，このガイドラインでは，人々が被害を受けた災害後が，最大の減災対策を行う時期としている．これは，被災を受けた地域はもちろんであるが，被災を受けなかった地域でも被災の状況を目の当たりにしているので，人々の意識が高く，行政の対策が取りやすいといえる．時間の経過に伴い住民の意識は次第に減衰していくことは東日本大震災でも過去の災害の歴史からいえる．

　都市を安全にするガイドラインは以下のとおりである．
(1) 災害に対する脆弱性減少の開発政策の推進
　現状の土地利用で災害常襲地に対しては，土地の利用を規制し，リスクアセスメントを行う．これに基づいて開発計画などを策定し，この開発計画などを実行するに当たっては，必ず災害影響評価を行う．すなわち，戦略的環境影響評価(SEA)を行うことをあげている．さらに重要なのは，縦割り行政を廃して，特に環境管理・災害軽減・都市計画の業務は一体となって行うべきとしている．
(2) 緊急時対応可能な人材の配置
　緊急管理計画を策定し，組織を強化するとともに人材を育成する．その際に重要となるのは情報であり，行政の基本となるデータの維持管理と最新化や重複性を図るとともに，行政と住民のコミュニケーション・チャネルを確保し適切な情報収集・管理・提供をしなければならないとしている．
(3) 緊急時対応可能なコミュニティの人材育成
　すべて行政任せではなく，コミュニティに対しても災害への意識高揚とそのための教育を不断に進めていくことが求められている．さらに，コミュニティを基盤とした災害対応の計画を住民参加で策定していくことが求められている．

(4) 危険性の高い状況に対する計画

途上国におけるインフォーマル居住地(スラムなど)の問題は結局は貧困に帰するが，都市の多くを占めるこのような居住地の抱える問題点に対して適切に対応していくことが被害軽減の上でも重要である．さらには，インフラ施設の確保(災害に強い，応急復旧が早いなど)，被災を受けやすい人口層(子ども・高齢者・障碍者・貧困者)への対応，文化遺産の補強・保全，そして危険な建物をできるだけ少なくするような対策を進めることが必要であるとしている．

そこで，本章では，このような国際社会の動き(都市を安全にするガイドライン)の中で，今回の東日本大震災の被災状況から，行政，特に地方自治体の災害の事前・事中・事後の対応(救急・救援→応急復旧→復旧→復興)とBCP(業務継続計画)について検討する．

5.2 災害への対応

5.2.1 行政の対応

災害への対応は，日本においては，1959年に大きな被害があった伊勢湾台風による災害後に制定された災害対策基本法を基本としており，地方の組織として都道府県と市町村に地域防災会議が設置され，そして地域防災計画が策定されることで行われている．地方での災害対応は，事前・事中・事後に分けられている．

事前では「防災」に関わるさまざまな対応があり，各種訓練はその代表的なものである．毎年の「防災訓練」は住民も含めて，防災の日である9月1日前後に行われており，一定の効果は見られるものの，マンネリ化した傾向は否めない．住民の意識高揚を図るべき訓練が，平常時の活動になってしまっている傾向にある．住民の災害に対する意識高揚は重要であり，行政は「安全・安心」の行政サービス提供において，教育などにより住民の意識が減衰しないようにすることが重要である．また，開発計画などハードなインフラなどの計画は災害リスクの考慮をしていかなければならない．しかしながら，いずれも東日本大震災において十分あったかというと，大きな被災から疑問点

が残る．

　事中において，地方では都道府県および市町村に地域防災計画に基づき，災害対策本部が設置され，救急・救援，応急復旧などの対応がなされる．これらの活動を進める場合には，「ヒト・モノ・カネ・情報」があることが前提であり，東日本大震災において，死亡や負傷などによる災害対策本部の担当者の欠落(ヒト)，災害対策本部が設置される建物の損壊(モノ)，電源の喪失による情報の活用や建物の損壊による情報源の喪失(情報)によって，市町村の事中対応ができなかったり遅れたりしたことで被害を拡大した感は否めない．被災を受けていない上位機関や周辺市町村の支援により，事中対応が進められた場合が多かったと想定できる．

　事後は，応急復旧がある程度行われたあとの復旧・復興の過程であり，「ヒト・モノ・カネ・情報」が被災自治体においても活用ができるようになり，行政・住民は日常的な活動を進めていくようになる．しかしながら，復旧・復興を進めていくうえでは，多くの資金が必要となるわけで，被災自治体では，当然のことながら，上位機関の支援や他の市町村の支援がなければ進めることは困難であり，今回でも例えば瓦礫の撤去に対して多くの時間を費やしている．また，住民が日常生活を送るようになると，通常の行政サービスのニーズが増えていき，それには住民情報といった基本的な情報が必要になるので，情報の喪失の場合，これを復旧過程でどのように整備していくかが大きな課題となる．

　事中・事後において，市町村の行政は，救急・救援，応急復旧，復旧，復興のそれぞれで住民のニーズに即した行政サービスを行うことが，発災後の減災には重要であり，そのための「ヒト・モノ・カネ・情報」をいかに確保・活用するかは，平常時における減災対応を考えなければならない行政の大きな課題といえる．

5.2.2　災害時の情報

　災害時(事中・事後)には，行政は災害に関わる情報を適切に収集し，管理し，住民や情報を必要とする機関に提供する．特に，住民への情報提供は非常時の行政サービスとして行政が行わなければならない重要な業務となって

いる．そのためには住民とのコミュニケーション・チャネルを確保しておく必要がある．同報系の防災行政情報無線は住民に対して災害の発生や避難情報を伝達する主要な手段として使用されており，今回の地震・津波においても活躍した．同報系以外のチャネルでも，住民は災害にかかわる情報を各種のメディアから入手している．NHKなどのマスメディア，固定電話・携帯電話，インターネットなどがある．これらにより住民は，早期警報・避難情報・災害情報・被害情報・安否情報・生活情報を入手する．

　しかしながら，このような情報提供においては問題点があり，同報系無線ではスピーカーの音声による情報提供のため，聞きにくいなどがあげられる．今回の同報系無線の活躍においても，検証すべき課題の1つになる．一方，他のメディアによる情報提供については，情報の信頼性や確実性について疑問となる点がある．例えば，インターネットによるTwitterでは，発災から多くの情報が流れていたが，それらの情報の信頼性や確実性についての保証がないまま流れており，時としてデマ情報になる危険性も孕んでいた．したがって，行政も情報の信頼性・確実性を高めるためには，このようなメディアも活用して，多様なコミュニケーション・チャネルを持つことが求められ，それに対応する人材の確保が必要となる．

5.2.3　住民の対応

　住民の災害への対応をまとめると今回の東日本大震災には津波が押し寄せたこともあり，時間経過としては当てはまらないが，一般的に次のように考えられる．まず，発災後，3時間までは自助主体で行動する．すなわち，自分の身は自分で守ることであり，水・食料などのおおよそ3日分の非常時持ち出しを確保し，避難所に向かう．その間，災害情報，避難情報，被害情報などがその避難を助けることになる．

　3日目までは，避難所において共助で行動する．すなわち，各自が持ち出した非常物資や避難所に常備されている備蓄物資などを活用し，協力し合って避難所での生活を送る．このときに必要となる情報は，どこでどのくらいの被害があったかの被害情報，そして，肉親や友人・知り合いなどの安否情報がある．特に安否情報は重要であり，適切な情報が提供されることが必要

となる．

そして，3週間目までは，避難所での生活あるいは徐々に自宅に戻って生活することになり，行政からの支援がより大きく求められ，公助が主体となる．避難所での生活支援や瓦礫の撤去，仮設住宅の建設が始まり，ライフラインも利用できるようになって応急復旧が終了する．このときに必要となる情報は，継続的に安否情報は求められ，また，生活情報（救援物資の存在・提供など）も必要度が増してくる．特に自宅へ戻った人や仮設住宅に入居した人に対しては，避難所と異なり，個別に情報を提供しなければならなくなるので，行政はコミュニケーション・チャネルを確保しておくことが重要である．

これ以降，本格的復旧から復興へと進んでいき，住民生活も平常時の生活へと転換していく．したがって，発災から時間の経過につれて，住民の対応は自助，共助，公助へと変化していき，それに伴って必要となる情報も変わっていくので，行政はそれぞれの場面において適切な情報を適切な方法で収集し，管理し，提供していくことが求められることになる．

5.3 行政のBCP

5.3.1 行政基盤としての住民情報

平常時においては，行政サービスの基盤となる情報に住民情報（住民基本台帳など）がある．すなわち，住民が生まれる，小学校に入る，死ぬなどのライフサイクルに即した住民の情報であり，これによっていろいろな行政サービスが提供されている．このような情報の多くは，現在は紙ベースではなく電磁的記録として管理されており，必要なときに必要な情報が取り出されるようになっている．

発災後の非常時においても，避難誘導，安否確認，死亡確認や公助のための生活情報の提供などに，平常時に用いられている住民情報が必要となる．しかしながら，電磁的記録とはいえ，このような情報が喪失する，取り出せない（停電・PCの破壊など）ことになると，非常時における適切な行政サービスの提供が困難になってしまう．

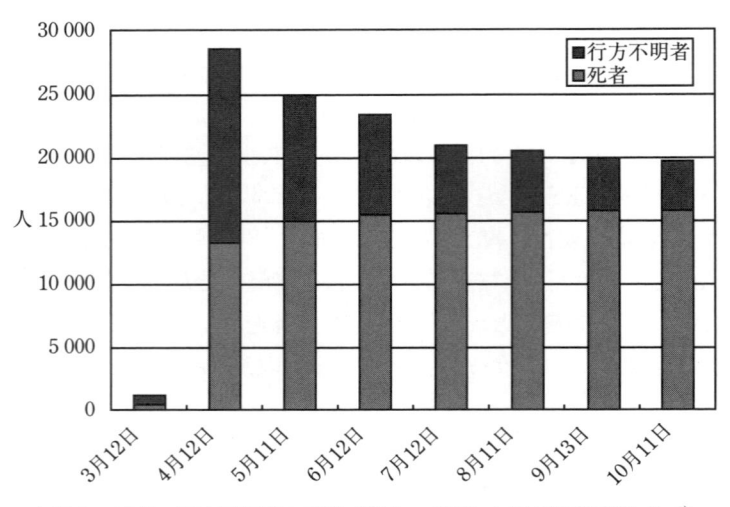

図5.1 死者・行方不明者の推移（出典：各日における警察庁調べ）[4]

　例えば，**図5.1**に示すように，死亡が確認された死者と安否が確認されていない行方不明者の半年間の推移を追うと，発災直後(3月12日)は，死亡や安否確認がほとんど進められていないため，死亡・行方不明者は1 197人であったが，1か月後(4月12日)には死亡・安否確認が進んだことにより，28 483人の死亡・行方不明者に上り，それ以降，死亡確認が進み，安否確認も進んで，死亡者は増加，行方不明者は減少していき，行方不明者の減少が大きいことから死亡・行方不明者全体では減少してきており2万人を切るまでになった．これは，行政における住民情報の復旧・活用が大きく効いているものと考えられる．

5.3.2　ヒト・モノ・カネ・情報

　このように，非常時においては，非常時の行政サービスを行ううえで住民情報は重要であるとともに，それを活用するためのヒトおよびモノの存在が不可欠となる．例えばヒトがいない，すなわち，住民情報を担当する職員が役所に来られないあるいは災害に巻き込まれて死亡・負傷すると，情報はあってもその活用は困難になる．また，停電やPCなどの機器の破壊・喪失さら

には庁舎の破壊などモノがなければ，情報は活用できない．このような場合，ヒトはいてもモノがないため，情報の収集，管理，提供に大きな障害が出てしまい，住民は必要とする情報を行政サービスとして受け取ることができなくなり，デマ情報などの入り込む余地が出てくる．また，情報そのものが喪失してしまうとヒト，モノがあっても住民は必要とする情報を入手することができなくなる．カネについては，応急復旧や復旧の早さと関係しており，被災した自治体の意思決定で活用できるカネがあれば，瓦礫の撤去や仮設住宅の建設など速やかに行うことができ，住民は平常時の生活へと容易に転換することができる．したがって，非常時における「ヒト・モノ・カネ・情報」の喪失は，行政サービスを困難なものとし，災害情報，避難情報，被害情報，安否情報，生活情報といった，災害後のそれぞれの場面で必要とされる情報も受け取れなくなってしまう．

そこで，ヒトの喪失に対応するためには，被災自治体以外からのヒトの支援があげられる．東日本大震災では，全国の自治体が，被災自治体に非常時の行政サービスや応急復旧・復興などを担当する職員を派遣しており，大きな効果を上げている．例えば，6月10日現在，愛知県は岩手県，宮城県，福島県に603人，名古屋市は，岩手県陸前高田市，仙台市に518人，それ以外の愛知県内の市町村全体で，岩手県，宮城県，茨城県，千葉県に734人の職員を派遣し，罹災証明書発行，避難所運営支援ホームページ更新などの業務に当たっている[5]．モノの喪失，例えば庁舎の破壊に対しては仮設庁舎の設置，停電に対しては平常時に電源の確保（自家発電など）をしていくことが必要になる．自家発電がない場合でも自治体が保有する公用車が電気自動車，ハイブリッド車であれば，移動することができるので，庁舎や避難所で必要とされる情報の収集，管理，発信の電源になりうる．また，情報の喪失は，バックアップを行うことで対応可能であるが，同一場所でのバックアップは意味がないので，同時被災になりえないと思われる場所にバックアップを置いておくことが重要である．このような支援・準備態勢があることで，行政サービスの平常時への転換（復旧・復興）は速やかに行われる．

5.3.3 BCP に向けての対応

　行政は住民に対して行政サービスを行うことが業務としてあるので，平常時，非常時とその場面に適した行政サービスを行うことが問われている．非常時にヒト・モノ・情報が喪失すれば，非常時に適切な行政サービスを行うことができなくなるため，それを平常時からそのための体制を取っておく必要があり，これが行政の BCP である．

　BCP の1つに広域にわたる市町村の連携がある．このような連携は，各自治体で作成される地域防災計画に盛り込まれており，各種の協定が結ばれている．例えば，愛知県蒲郡市では，都市間協定として「三遠南信災害時相互応援協定」が 2005 年に結ばれており，長野県・静岡県・愛知県の 27 市町村が参加している．また，モーターボート競争の開催都市間で「大規模災害時の相互応援に関する協定」が 1997 年に結ばれており，17 市が参加している．そして，愛知県内で「愛知県内広域消防相互応援協定」が 2003 年に結ばれている[1]．

　同じ市町村の連携でも1対1の連携もある．友好都市などをベースにしたもので多くの場合は遠隔地にあり同時被災は考えにくいので，特に情報に関わる BCP として機能するといえる．これも蒲郡市の例であるが，友好都市である沖縄県の浦添市と災害時の情報発信について，東日本大震災後に協定を結んだ[2]．これは，すでに東日本大震災においても，宮城県大崎市の情報発信機能が途絶えた際に北海道当別町のホームページで情報を代行発信したことから，蒲郡市，浦添市どちらかの情報発信が途絶えた際に相手方のホームページから情報を入手することができるようにするものである．非常時の生活情報などの情報の様式を事前に取り交わしていることで，非常時において電話や無線の交信が少なくてもすむようにしている．しかしながら，非常時にも重要となる住民情報については，庁内でのバックアップにとどまっており，庁外でのバックアップは，今後の課題となっている．すなわち BCP は一部進められているもののいまだ十分とはいえない．

[1,2] 蒲郡市総務部安全安心課　鈴木氏へのヒヤリングから

5.4 おわりに

被災自治体の復旧・復興，そしてこれから来るであろう首都直下型や東海・東南海・南海3連動地震への備えとして，各自治体は，行政のBCPすなわち，ヒト・モノ・カネ・情報の継続性を図っていくことが急務といえよう．そのためには，被災自治体の発災後の業務の継続性について検証していき，その成果をBCPに生かしていかなければならない．

また，平成の大合併が被災自治体に与えた影響もBCPを考えるうえでは重要である．1999年に3232市町村であった自治体が，10年後の2009年には1777市町村と約半減している．合併前であれば一つの自治体として意思決定できた地域が，合併によって拡大した自治体の意思決定の一部になってしまい，行政サービスの面で後れを取る可能性がある．例えば，発災時での意思決定のタイムラグや地域に適した意思決定，情報提供が困難になるなどである．逆に，大きな自治体の一部になってしまったことで，これまでは財政的な面から困難であった行政サービスが可能となった面もある．例えば，防災対策が進展するなどである．このように合併については是非があるが，それを検証することで今後の合併を考える際の対応すべきポイントの一つになると考えられる．

情報技術が進展している現在の社会では，この技術をBCPに活用していくことが必要である．東日本大震災でも，Twitterなどがリアルタイムに情報交換に使われ，災害情報，被害情報などの浸透に役立ってきた．救急・救援や応急復旧などでのボランティアの活動にも活用されてきた．その反面，デマ情報など誤情報がいったん発信されると，それが瞬く間に浸透し，その解消には大きな時間と労力が必要とされるという負の面も合わせ備えている．行政は，Twitterを常に監視し，誤情報が発信されたら，即誤情報の解消に努めなければならなくなってしまう．しかしながら，行政はTwitterも住民とのコミュニケーション・チャネルとして持つことが必要である．

自治体が行政サービスを平常時，非常時に行う際に，いずれも住民情報が基盤となることは前述した．すると非常時にこの情報を活用していくために

は，ヒト・モノ・情報の BCP を考えていかなければならない．ヒトやモノについては支援体制ができていれば容易に行政サービスの遂行ができるが，情報は喪失すれば，その復旧には多くの時間や労力を必要とするので，情報の喪失を食い止める手だてを図っていかなければならない．前述の蒲郡市の事例では，住民情報のバックアップを取っているが，庁内バックアップのため十分ではない．したがって，庁外でのバックアップ体制を図っていくことが重要であり，まだ未整備の自治体での大きな課題となる．

《参考資料》

1) 記者発表資料「東日本大震災における被害額の推計について」2011.6.4, 内閣府 HP
2) 国連国際防災戦略（UNISDR）HP「ISDR」
3) IDNDR, Cities At Risk, Stop The Disasters, 1997
4) 警察庁緊急災害警備本部 広報資料「平成 23 年（2011 年）東北地方太平洋沖地震の被害状況と警察措置」
5) 中日新聞「中部の被災地派遣一覧」2011.6.10

第6章
都市計画技術の課題：
「不用地」「不明地」をめぐって

6.1 はじめに

6.1.1 地域空間の破壊

　2011年3月11日に発生した東日本大地震は，観測史上最大の規模（マグニチュード9.0）で東日本一帯を襲い，青森県から千葉県にかけて巨大津波を発生させた．その被害は5県62市町村におよび，火災を含む建築物の全壊・半壊はあわせて27万戸以上，死亡・不明者約2万人，浸水面積約561km^2（数値は湖水・内水面を含む）[1]，被害額は16〜25兆円（政府試算）ともいわれる．

　さらに地震・津波の結果，東電福島第一原発からの放射線放出により，周辺市町村の住民が被爆の危険にさらされた．事故直後，政府は住民の緊急避難を命じ，放射線量の高い「警戒区域」「計画的避難区域」（合計約1 096km^2）は立ち入り禁止区域となっている．その被害総額を想定することもできない状況である．

　地震発生後，被災地の市町村は，職員・庁舎・通信交通手段など「社会的インフラ」を失う状況のもとで，警報・避難・救出・瓦礫処理などに追われた．最盛期，40万人以上が避難を余儀なくされたが，8月末にはほぼ全員が仮設住宅への入居を終えた．しかし，放射線被災地では，いまだ帰宅が叶わない住民が10万人超と報じられている．

　要するに，東日本大震災は，個別都市を越えて広域にわたり，市街地・非

市街地の別なく「地域空間」を破壊し，長期にわたり居住を不可能ないし困難にした．その被害の種類・大きさ，被災地空間の多様性・広大性などの点で，従来の都市計画が経験したことのない問題を提起した．

しかし本稿が強調したいのは，単なる「問題の巨大性」ではない．そこには，従来のわが国都市計画技術への挑戦という課題が秘められている．つまり問題は量的なものではなく，質的な次元のものである．

6.1.2 復興プランへ

被災地自治体では，応急対応が一段落した時点で，早くも「復興プラン」に着手するところがあった．しかし，プランの多くは抽象的な表現にとどまり，あたかも「総合計画」の復興版といった内容に終始した．夏ころからは，それを即地的に具体化し，空間的なイメージを伴う復興プランへと進み始めたが，そこでの前提条件となる「高台移転」，防潮堤（津波被災地）や「除染」（放射線被災地）への国の財政支援が決まらないため，復興プランの策定は大幅に遅れた．

10月に入り，野田政権のもとで，ようやく第3次補正予算案が国会へ提出された．そのうち，震災復興関係は約9.2兆円に上り，市町村が高台移転などに自由に使える「復興交付金」は1.5兆円余を数える．こうして，震災後ほぼ7か月後の時点で，ようやく復興プランへの取り組みが本格化したのである．本稿は，10月末時点での中間報告としての性格を持つ．

6.1.3 本稿のスタンス

では，東日本大震災は，都市計画のいかなる点への挑戦であるのか．少し歴史を振り返ろう．周知のとおり，わが国都市計画法制は，1888（明治21）年の東京市区改正条例に始まり，1919（大正8）年の都市計画法によって確立し，1968（昭和43）年に抜本改正され，多くの修正を経て現在に至っている．

注目すべきは，今世紀に入り，都市計画の制度改革への議論が，関係者の間でとみに高まってきた点である．過去10年間，多くの提案が，学会・市民団体・シンクタンク・全国市長会など，政府以外の部門から公にされてき

た．現行の都市計画技術が行き詰まり，1世紀という波長で大きく方向転換を要請されつつあったのである．

東日本大震災は，正にそのような議論の真っ最中に発生した．その結果，改革議論は突如中断され，関係者の大勢は東北の現地へと殺到し，緊急の実務に忙殺されることとなった．それはそれでよい．理論を実践の場で検証する機会となればよいのである．ただし，ここで忘れてならぬのは，上記の改革議論の中心的論点の行方である．本稿では，あえて現場から一歩退いた地点に視座を定め，この点を考えつづけてゆきたい．

我々の理解によれば，改革論議で問われた論点と，その改革の方向は，次の4点に集約される．[2]

① 国によって，あらかじめ詳細に決められた全国画一基準を機械的に適用する「事務としての都市計画」から，あるべき自分たちの地域社会の姿を個性的に追求する「政策としての都市計画」へ．
② 高度成長・バブル時代を終えて，人口減少時代に突入した21世紀において，かつての「拡大都市像」ではなく「縮小都市像」を前提とする都市計画の体制・技術へ．
③ 巨大インフラなど各種の「建設事業」を中心とする都市計画から，物的環境を計画的に維持管理する「土地利用規制」を中心とする都市計画へ．
④ 官僚が決める中央集権型の都市計画から，専門家を加えた住民参加により地元自治体で議論を尽くす地域分権型の都市計画へ．

これら4点について，東日本大震災の復興都市計画においては，各々以下のポイントについて進展を見守りつづけたい．

① 国による技術・財政面での迅速な援助は得られないまま，地元自治体がほぼ自助努力に頼る都市計画を開始した．今後は，国の支援体制を巧みに活用しつつ，地元自治体はいかなる個性的な地域社会を形成できるか？
② 再建される市街地は，従前と比べて規模・内容面で，どのような「豊かな縮小」となって表現されるのか？
③ 都市計画技術として，市街地・農地等の区別を越えて，自治体全域にわたる土地利用規制の体制をいかに確立できるか？

④ 被災住民のまちづくり活動の成果を，法定の復興プランがいかに組み込んでゆくか？

　これらの根底に横たわる我々の基本的スタンスは，都市計画の機能を「自治体が自己の空間に関して長期にわたり責任を持って計画・建設・維持管理する機能」としてとらえる点である．ここで「空間」というのは，土地（水面を含む）の上下にわたる各種の施設・土地利用を意味する．また対象とする空間は，従来の市街地空間だけではなく，市街地・非市街地の全体を含む自治体区域であり，行政実務としては，現存の都市計画法・農地法等の個別空間を超越し，包摂する概念である．

6.2　「不用地」「不明地」

6.2.1　問題の発生

　このような視点に立つと，今回，東日本大震災が都市計画技術へ投げかけた最大テーマの一つは，「不用地」「不明地」の大量発生であるといえる．

　実態としては，津波被災地では，瓦礫が撤去され整理された市街地跡地で再建が進まず，街路と空き地がガランと広がっている．放射線被災地では，避難時点で時間が止まったままの農村風景が不気味に静まり返っている．市街地も農村も巨大な空間が「不用」のまま，放置されているのだ．むろんその背景には，建築制限や立入り禁止という法的措置が控えているが，実は問題はもっと隠れたところにある．そしていざ，復興へ着手する段階になると，所有者「不明」の土地の存在が明らかになり，計画も事業もなかなか進行しない状況が予想される．

「不用地」とは，ある土地が「不要」になったのではなく，「不用」つまり，従前用途としては使用できなくなった土地である．従前の市街地（津波）や農村（放射線）のかなりの空間部分が使用できなくなり，しかも長期間にわたり放置されるという異常事態が生じつつあるのだ．これは，自治体の計画的空間管理という観点（我々の都市計画）からすれば，ゆゆしい社会問題であり，技術問題でもある．

6.2.2　「不用地」の概念

では「不用地」とは一体なにか．土地の使用者の立場から，少し詳しく考えてみよう（以下，所有権のみに単純化して考える）．

まず，津波被災の場合である．津波により流失した住宅の所有者は，その土地の将来のリスクを考えて，そこでの再建をあきらめ，高台移転などを選ぶ可能性がある．その跡地が不用地となる．ただし跡地を放置せず，ほかの新用途に転用した場合は，その時点で不用地が消滅したものと考える．反対に，あえてリスクを覚悟で住宅を再建し，住み続けることを選ぶかもしれない．この場合も不用地とはならない．ただし，そう希望した場合でも法律上，建築行為が禁止または制限される場合がある．つまり所有者の意志よりも公共の意志が優先する場合があり，その場合は，所有者にとっては「強制不用地」となる．これとは対照的に，先の所有者が放置した跡地は「任意不用地」ということになる．

では，放射能被災の場合はどうか．この場合も，避難した土地所有者が，放射線のリスク等を考えて，自ら帰宅し従前の生活・業務へ戻ることをあきらめた場合には，不用地となる．反対に，あえてリスクを覚悟で住み続けることを選ぶ場合は，不用地とはならない．しかしその場合でも法律上，所有者の意志に反して立入り禁止が続く場合があり，その場合も不用地となる．

つまり，土地の使用・不使用に関しては，津波被災と放射線被災は，社会的現象・問題としては全く別種のものではあるが，いずれの場合も，以下のような同一の構造となっている．

① 行政による「強制不用地」
② 所有者による「任意不用地」
③ 所有者による「任意使用地」（これは問題から外して考える．）

このうち①②合わせたものが「不用地」である．以下では①②の順に，津波被災地と放射線被災地の場合について，やや詳しく考える．

6.3　津波被災地の建築規制

では，津波被災地の場合，「強制不用地」をめぐる法制はどうなっているか．

以下に，やや詳しく見てゆこう．周知のとおり，災害にかかわる建築制限(以下，禁止を含む)の法制は，基本的に三つの系統がある．そして今回，地元行政の対応は三つに分かれた．

6.3.1 建築制限区域

第1は「建築制限区域」(建築基準法第84条)である．これは，大火・水害などの後，市街地の復興の支障となるような建築物の再建を，一時的に制限する趣旨のルールである．具体的には，建築行政として(小規模の市町村ではない)特定行政庁により，災害発生日から1か月(最長2か月)建築行為を制限するものである．これが最も一般的なルールであり，今回も多くの自治体で適用された．

宮城県は，早くも4月8日に気仙沼市・南三陸町など3市2町で，この規制を始めたが，その後，国へ働きかけて制限期間を各々，1→6か月，2→8か月へと延長する特例法を得るに至った[3]．最長の場合でも，11月11日には期限が切れるのである．

6.3.2 被災市街地復興推進地域

上記「建築制限区域」は，いわば一時的な建築制限にすぎず，(最長8か月の)時限がくれば復興プランの有無にかかわらず，制限を解除せざるをえない．もう少し長期にわたり復興プランを練り上げたい，そのための期間を確保しようというのが，第2の「被災市街地復興特別措置法」である．これは，制限期間のゴールとして復興プランを明確に位置づけたものであり，建築行政と都市計画を連動させる方式である．1995年の阪神・淡路大震災を契機に(正確には追いかける形で)制定された．

震災後に，都市計画決定により「被災市街地復興推進地域」に指定されると，災害発生日から2年以内に「市街地の整備改善の方針(緊急復興方針)」を都市計画決定することを前提に，その期間(最長2年間)，建築・開発行為を都道府県知事の許可制にするというルールである．

東日本大震災前まで，全国でこの適用を受けた事例は阪神間の6市16区域(289.5ha)に限られていたが，震災後の9月12日，まず石巻市が3地区

(449.4ha)を同地域に指定した．ついで気仙沼市・東松島市・名取市・南三陸町・女川町（合計約830ha）などが11月の指定を予定している．

　3月の震災から数えて，制限期限は84条（最長2か月）が5月，特例法（最長8か月）が11月となる．この間，規制期間を綱渡りしてきた自治体にとって，最後の「綱」へ飛び移る時期が来たのであり，その意味で，事態はまさに現在進行形で進んでいる．

6.3.3　災害危険区域

　第3は「災害危険区域」（建築基準法第39条）である．これは，津波・高潮・出水などの災害の危険性がある区域に関して，地方公共団体の条例により住居等の建築制限を可能にするものである．あくまで（都市計画決定を要しない）建築行政の枠内で，期限を定めず特定種別の災害を想定して，事前に条例を制定しておく必要がある．津波に特定化した災害危険区域は，震災以前は3件しか存在しなかったようだ[4]．

　同条例は，災害後に急きょ新たに制定しようとする場合，上記の2系統に比べて，期限不定等の理由で住民の反対が強く，条例制定は大きな困難を伴う．以下，4例について順に見てゆく．

① 岩手県は，4月18日，沿岸部の12市町村の浸水区域（約58km^2）にたいして，災害危険区域のため条例制定を働きかける方針を明らかにした．県による条例制定も可能ではあったが，地元自治体の主体性等を考慮して，市町村での条例化を促した．その期限については，防潮堤の復旧など安全性が確保されるまでとし，浸水予想区域などのデータを提供する，とした[5]．しかし，その後の状況は，釜石市が7月8日に同区域の指定を行わないことを表明するなど[6]，県当局が望む方向には動いていないようである．

② 東北最初の事例は，福島県相馬市である．同市は，7月21日の議会臨時会で39条に基づく「相馬市災害危険区域条例」を可決し，同市沿岸部の津波被災地（同市尾浜，原釜，磯部，新沼の一部）を災害危険区域に指定した．その適用期間については「国による護岸工事の完了など，安全性が確保されるまで当面の間」と決め，対象面積や詳細な区域割りは

今後詰めるという[7]．

③ つづいて宮城県山元町議会は，10月28日の臨時会で「災害危険区域条例案」を一部修正のうえ可決した．町の1/3が災害危険区域に指定され，11月11日からの施行となる．修正の内容としては「防潮堤や県道かさ上げなど防災機能の整備状況に応じ，津波浸水シミュレーションを再度行い，減災効果が確認されれば，危険区域を見直すこと」が盛り込まれた．[8]

④ 仙台市は，従来から「仙台市災害危険区域条例」を有しており，「急傾斜地崩壊危険区域における地すべり関係」を対象としているが，今回「津波で高さ2m超の浸水が予想される地区」を加える方針を明らかにした．早ければ12月議会に条例改正案を提出する．これと連動して，同市の沿岸部約1500haを「災害危険区域」に指定し，最大2400世帯を対象に内陸1～2kmの地域へ集団移転を進める構想を「復興計画の中間案」で公表した[9]．これはいわば，プッシュ手法としての「災害危険区域」と，プル手法としての高台移転をセットとする巧妙なやり方といえるが，その進展を見守りつづける必要がある．成功すれば，移転跡地は「強制不用地」となる．

6.3.4　小　　括

以上をまとめると，次の3点がいえると思われる．
① 建築制限区域は，11月で適用期間が切れるので，以降の文脈では無関係となる．
② 被災市街地復興推進地域は，緊急復興方針により新用途が計画されるはずであり，最長2年の後で「強制不用地」は生じない．
③ これらと対照的に，災害危険区域は，長期にわたり「強制不用地」を生じうるが，現実には住民の反対が強い．今回の事例において，条例はできてもその区域・期間（その終了規定を含む）にまで詳細に実現したものはまだ存在しない．今後仮に実現しても，面積的には極めて限られると判断される．

以上全体として，津波被災地での建築制限による「強制不用地」はほとんど

発生せず，不用地が出るとすると，ほとんどは「任意不用地」，つまり土地所有者による不使用の判断による，と考えてよかろう．

6.4 放射線被災地の居住規制

次に，放射線被災地の場合，災害基本対策法により中央政府の判断が決定的に影響する．避難関係の空間区分は，4月23日以降，次の3種類となった．最も厳しい区域から順に見てみよう．

第1は「警戒区域」であり，福島第一原発から一律半径20kmの地域である．ここでは，市町村長の許可無く立ち入ることが禁止されている．2市5町2村（一部または全域）の面積約624km^2（従前人口約7.8万人）の区域である．ちなみにこの面積は，東京都23区(622km^2)にほぼ匹敵する広さである[1]．ここから避難した住民はいまだ帰宅を許されていない．

第2は「計画的避難区域」であり，事故発生から1年間に積算線量が20ミリシーベルトに達するおそれがあるため，住民らに1か月を目途に別の場所に計画的に避難を求める地域である．1市2町2村（一部又は全域）を含み，原発から20～約40kmの範囲で北西に伸びた面積約472km^2（従前人口約1.1万人）の区域である．ここの住民もいまだ帰宅を許されていない．

第3は「緊急時避難準備区域」であり，上の2区域に比べると比較的線量が低く，常に緊急的に屋内待避や自力での避難ができるようにすることが求められる地域である．2市2町1村（一部または全域）を含み，原発から20～約30km圏（うち計画的避難区域を除く）の面積約498km^2（従前人口約6.7万人）の区域である．同区域は9月末に区域解除が行われ，2012年3月を目途に住民を帰還させるべく調整中と報じられている．

要するに，放射線被災地では，津波の場合と対照的に，「強制不用地」は基本的に政府の判断による警戒区域・計画的避難区域によって規定され，その周辺に「任意不用地」が形成されることになる．

なお，放射線の除染作業が進行すれば，上記の区域面積の減少などに大き

---

[1] 3区域の面積は，谷謙二の図上計算による．

6.5 「不用地」の規模

　以上で，東日本大震災後における津波・放射線関係の公的規制の内容と，そのおおよその面積が判明した．これらが「強制不用地」と深く関わっている．これと「任意不用地」を合わせたものが「不用地」となる．以下では，不用地全体の面積について，ごく大まかに考えてみたい．

　当然のことであるが，本稿の目的はその正確な推計にあるのではなく，あくまでも現時点での，都市計画上の「課題の大きさ」を考えるための略算にすぎないことをあらかじめ断っておく．以下，津波不用地，放射線不用地の順に述べる．

6.5.1 津波不用地

　災害直後の国土地理院の調査によると，津波災害による浸水面積は，青森県から千葉県の6県合計で，約561km^{2}であった．ただしこの数値は，従前からの水面分も含んでいる．ちなみに，この間の海岸線を約500kmと略算すれば，平均幅1km程度が被災したことになる．

　津波（被災による）不用地は，上記の浸水面積の一部分であると考えられる．つまり浸水面積を超えることはありえないが，何％に当たるかは全く不明である．いま仮に10％とした場合は約50km^2，30％の場合は150km^2，50％の場合は250km^{2}となる[3]．そのほとんどは「任意不用地」であろう．

---

[2] 除染作業上の区域区分としては，「放射性物質汚染対策等特別措置法」（2012年1月施行予定）によれば，次の2種類である．第1に最も汚染度の高い区域は「除染特別地域」を設け，（東電の一義的責任を認めたうえで）国が除染作業を担う区域であり，上記の「警戒区域」「計画的避難区域」および「事故に伴って過剰に被爆した線量が年間20マイクロシーベルト以上の区域」である．政府は，2013年度末までに除染完了を予定していると報じられている．第2は「汚染状況重点調査地域」であり，これは除染特別地域より線量が低く，年間1マイクロシーベルト以上の区域であり，ここでは原則として市町村が除染を行う．

6.5.2 放射線不用地

これとは対照的に，放射線(による)不用地の場合は，「警戒区域」「計画的避難区域」が厳として存在する以上，「強制不用地」の影響が極めて大きいことになる．両区域は合わせてせて約1 096km^{2}である．この数値は，上記の浸水面積(561km^2)の2倍近いものであり，津波不用地(50～150～250km^2)とは1桁違いほどの大きさとなる．これに，両区域以外の区域での「任意不用地」(未推計量)を加えれば，その差はますます拡大することになる．土地利用問題として，いかに放射線被災が大きいかが了解されよう．

実は，放射線不用地については，もう一つの推定がある．1986年のチェルノブイリ原発事故の事例である．事故後，同地ではセシウム137の汚染レベルで55.5万ベクレル/m^{2}以上の区域を「強制移住区域」として囲み，以来四半世紀にわたり居住を禁止している．これにより40万人以上が外部へ移住し，区域内には例外的に，原発関係者がローテーションで少数居住し，かつ高齢者約300人が違法に農業を続けているという[10]．

福島の場合，上記にほぼ相当する60万ベクレル/m^{2}以上の区域は，警戒区域と計画的避難区域のほぼ全域，それに緊急時避難準備区域のほぼ1/3の区域に相当する[11]．その面積は，ごくごく大まかには幅30km長さ50km(図上実測では約1 400km^2)となっており，上記の1 096km^{2}より広くなっている点が注目される．

ただしこの数値は変わりうる．プラスの要因としては，局所的に放射線量の高いホットスポットが今後発見される可能性がある．反面，マイナスの要因としては，放射線の自然的・人為的除染作用である．特に「除染技術」は，これを契機に急速に進むことが期待され，その結果「強制不用地」の面積が大

3　朝日新聞社の調査によれば，被災3県の沿岸37市町村のうち，7割以上が津波浸水地を居住地として再利用する可能性がある，とのことである．ただしこの場合，市町村単位での回答であるので，ただちに「不用地の比率は30%以下だ」ということにはならない．

4　除染で生じた土砂・汚染水などの処理もまた，新たな土地利用問題となる．汚染土等の量は1 500～2 800万m^{3}と見込まれ，施設としては「仮置き場→中間貯蔵施設→最終処分場」という流れが想定されている(朝日新聞，2011.10.30)．仮にその量を2 700万m^{3}とすると，一辺300mの立方体となり，これを5mで積み上げ(または埋める)とすると540haの用地が必要となる．

幅に減少する可能性がある．しかし具体的に何％の減少になるか，については未確定であり今後，見守りつづけるポイントになる[4]．

6.6 「不明地」の問題

6.6.1 「不明地」とは
「不明地」とは，所有者が不明になっている土地である．本来はどの土地も登記された所有者が存在するのだが，転居後に連絡が取れなくなっている，相続時に変更登記をせず相続者が不明，という事態である．過疎地において，山林等で顕在化しており，中山間地域から地方の平野部へも広がりつつある．全国でどのぐらいの面積・筆が不明地となっているのか，量的な把握はされていない．原則として土地はすべて登記上の所有者が存在しており，何をもって「事実上，所有者が不明」と判断するかは，困難である．

東日本大震災の被災地でも，そうした問題は顕在化することは確実である．2011年7月2日付日経新聞によれば，政府は，所有者不明の土地を市町村が管理することで再開発等を行いやすくする制度を，復興特別措置法に盛り込むという．

所有者不明地が増えることで，どういう問題が生じるか．地方部の山林で顕在化しているのは，山林を整備したくても所有者が不明で同意を取れない．あるいは所有者不明の山林が不法投棄に使われても制止できないという問題である．その結果，周囲の土地にも自然環境の悪化，経済的価値の低下が及ぶことになり，地域的な問題と化していく．

6.6.2 現行制度
明治期に土地所有制度が整備されて以来，基本的に所有者がいない土地というものは存在しないことになっている．登記簿に登記された所有者が，官民問わず，存在することになっている．しかし地方で見られる事例として，山林の所有者が死亡によって交替しても変更登記を行わず，実際には誰が所有者であるのか不明になっている現象がある．実質的に相続しながら単に登記を行なっていない場合と，事実上の相続放棄状態にある場合がある．

相続の放棄,あるいは相続人が存在しない場合の財産の処理については,民法は相続の放棄(第4章第3節,938～940条),相続人の不存在(第6章,951～959条)を定めている.土地の場合もこの規定に従うことになり,数か月間に一定の手続きを経て,最終的には国庫に帰属することと定められている.

6.6.3　自治体への権限付与による解決策

おそらく今回の被災地の復興でも,所有者不明地や,土地所有権を放棄するという事例は発生すると予想される.そのため,自治体に以下の権限を与えることが望ましい.

① 所有者を捜索するための個人情報収集.課税台帳情報の利用を含む.
② 所有者を発見できなかった場合に,その旨と関係権利者に名乗り出るよう求める公告.
③ 一定期間公告しても権利者が出現しない場合に当該自治体所有地とする権能.
④ 公有地とする場合に,その地価相当額を基金とし,将来に向けて補償可能とする措置.

いたずらに公有地を増やすことは政府部門の肥大化になるし,税収減にもつながり,好ましくない面もある.一方,被災地復興においては,多くの場合に面的整備が必要である.取得した公有地をその種地とするほか,民間部門に貸し出してもよいのである.

現行の民法における,相続放棄・相続人不在の規定では,公有地化は国庫への帰属であり,またその相続人捜索の期間は3か月である.

本稿で提言するのは,所有者が不明な土地の所有者捜索や,所有権の放棄について,自治体が権限で事務を行えるようにし,土地を自治体の所有に帰属させるシステムである.地域の問題を解決するのは地方自治体の役割であり,地方分権上も望まれる制度である.

6.7 おわりに

　最後に，当面最も顕著な問題となる，津波被災地における不用地問題の都市計画的課題について一言する．

　我々が懸念するのは，例えば 10 年後，復興事業が一段落した段階で，でき上がった市街地が不用地だらけ，しかも虫食い状になっていることである（しかも，理想とされる高台移転が成功すればするほど，不用地が増える可能性が大きい）．広大な「不用市街地」が出現してはたまらない．

　では，どうすればよいか．第 1 は，不用地を出さないようにすることであり，基本的に住民の帰宅を促す方向である．むろん，これには安全性が大前提となる．被災後の市街地について，避難施設の整備を含む多重防御が必要となるが，これは現在の大勢が目指す方向でもある．

　第 2 に，それでも発生する不用地への対策をどうするか．今から考える必要がある．問題は「不用」ではなく「放置」にある．土地利用計画としては，ともかく放置状態にある用地を何らかの形で使用するための，（特に低利用地としての）「新用途」の開発や，（土地の賃貸・分譲を含む）土地集約の方式，その管理体制の開発など，従来にない発想が求められる．これはまた，研究と実践の最前線ともなりえよう．

　こうして今や，市街地・非市街地を含む自治体全体の土地利用を，いかに計画・管理するかが問われているのだ．幸い政府の復興特区における「土地利用再編計画」構想は，この線上にあるように見られる[12],[13]．東日本大震災における試行は，その先例になるか否かが問われているのだ．

　これらの現象と課題は，実は東日本大震災に固有の問題ではなく，いま日本社会が直面していること，つまり 21 世紀の都市計画技術への本質的な課題であり，挑戦である．立ち止まって考えてみれば，あと 8 年後の 2019 年は「都市計画法百年」に当たる．それに向けて，今我々には多くの根源的な課題が投げかけられているのである[5]．

---

[5] 本章は，両著者の議論ののち，6.6 は澤村が，ほかは渡辺が分担執筆したものである．

《参考資料》

1) 国土地理院発表「津波による浸水範囲の面積（概略値）について（第5報）」2011.4.18
2) 渡辺俊一・有田智一「都市計画の制度改革と「都市法学」への期待」『社会科学研究』Vol.61，No.3・4，2010，pp.161-205
3) 東日本大震災により甚大な被害を受けた市街地における建築制限の特例に関する法律（平成23年4月29日法律第34号）
4) 全国防災会議 東北地方太平洋沖地震を教訓とした地震・津波対策に関する専門調査会「第6回会合資料4」p.4.
5) 盛岡タイムス「〈東日本大震災津波〉浸水区域への建築制限　災害危険区域への指定，県が市町村に要請」2011.4.19
6) 岩手日報「災害危険区域指定せず　釜石市，新築自粛要請は継続」2011.7.9
7) 河北新報「沿岸部の居住制限可決：相馬市議会」2011.7.22
8) 河北新報「山元町の災害危険区域条例案，一部修正し可決」2011.10.29
9) 朝日新聞「沿岸2400世帯，集団移転　移転跡地，主に農地に　仙台市が復興計画中間案」2011.9.17
10) 朝日新聞「チェルノブイリ 25年後 現地を歩く」「我が家，森に埋もれ　チェルノブイリ原発から3キロ　現地を歩く」2011.10.31
11) 朝日新聞「地表面のセシウム 134と137の蓄積量」2011.5.7
12) 東日本大震災復興対策本部事務局・農林水産省・国土交通省「津波被災地における民間復興活動の円滑な誘導・促進のための土地利用調整のガイドライン」2011.7
13) 時事通信社「『整備計画』のみで許可＝土地利用手続きを大幅簡略化－復興特区」2011.10.8

第7章
地域再生モデルとしての健康都市づくり

7.1 まちづくりの目標としての住民の健康

7.1.1 生活者の視点からのまちづくりの目標

「まち」は，人々が住まい，生活し，学び，生産と消費を行い，余暇を過ごす等の場であり，活動を展開するためのセティング（setting）と呼ぶこともある．「まち」の活性の中心にある「人」が，健康的で質の高い生活を送ることを目指す「まちづくり」では，人々の健康を支えるまちの環境，つまり「健康支援環境」の創出という観点から「まちづくり」が展開される．

健康を支援する環境は，保健・医療・福祉・介護等のサービスや制度の運用のみならず，そもそも病院，社会福祉施設といった保健医療サービスを提供するハードはもちろんのこと，道路，公園，緑地，上下水道，電気・ガス供給施設，ごみ処理施設，学校，図書館，住宅，オフィスや工場，商業施設などの都市施設によってつくられる．保健医療や福祉の制度だけを整えても，生活と生業を支える環境が整わなければ，健康な生活を営むことは難しい．

大震災からの復興のまちづくりにおいて，地域産業の再生，「まちづくり」は，さまざまな目標を掲げて展開される．災害から暮らしを守る安全・安心のまちづくり，新しい特色ある産業が支えるまちづくり，地域経済から豊かな自然環境や文化まで幅広い意味での地域の付加価値の向上，まちのにぎわいの拡大，そして子どもから高齢者まで安心して暮らすことができる医療と

7.1.2 健康決定要因としての居住環境条件

一般に，健康に影響を与える生活環境や生活諸条件は，人口動態，居住条件，所得，教育，栄養，労働，生活習慣，保健・医療・福祉，都市基盤等々の多様で広い範囲に及んでいる．

わが国では，これらの条件を示す多くの統計が取られており，経年的に，また行政単位ごとに，これらの統計から適切な指標を用いて，平均寿命などの健康水準の指標との関連を見ることができる．

約300の自治体の諸統計を用いて，健康水準に関する指標と都市生活にお

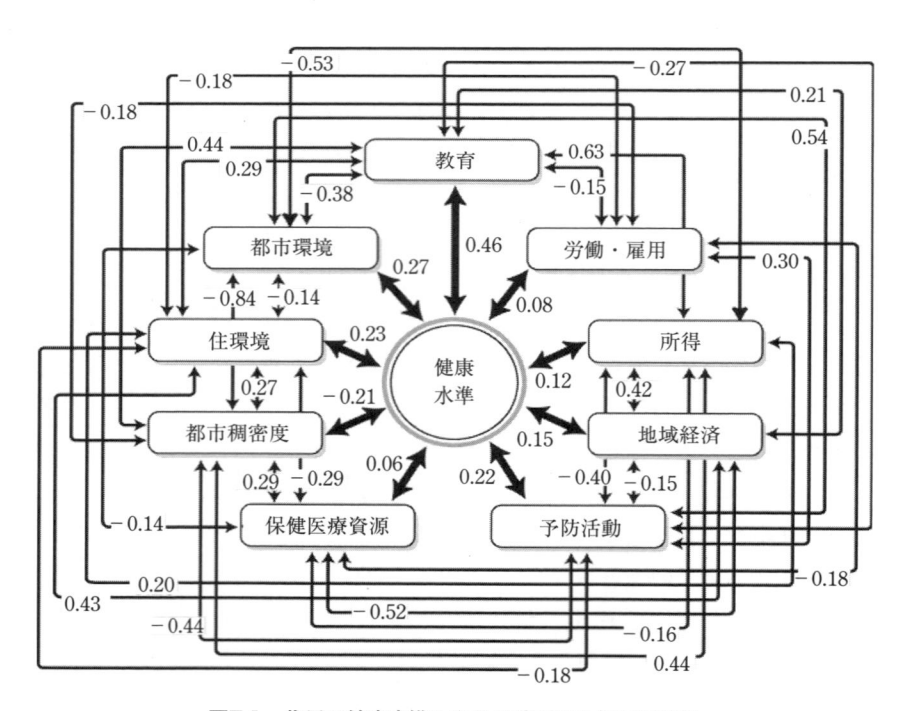

図7.1 住民の健康水準とまちの諸要因の相互関連性
（Takano and Nakamura（2001）[2]）を和文に改変，数値はピアソン相関係数）

けるさまざまな環境条件や生活条件に関する指標約2000種類を検討し，因子分析によりカテゴリー化し，それぞれの因子を変数として相互の関係を解析した結果を紹介する．

図7.1は「長寿に関する健康水準指標を中心に，それに関わる諸要因との関連性を示している」ものである．健康水準としては，死亡率を基礎とした長寿を示す指標を用いた．そのほかの変数は，まちの特性を代表する特性を示している．健康水準と諸要因は相互に関連性を示している．ここに示された関連性は「静的」相互関係であるが，諸要因の側の変動が健康水準の変化につながるものについては，「健康決定要因」と呼ぶことができる．この図は，さらに，まちの地域環境や生活条件を示す要因が，それぞれ相互にも密接な関連のあることを示している．健康水準の向上を目指すには，直接，間接に健康に関わるまちのさまざまな条件の全体をとらえながら，まちの諸条件が相互にも関係し合うことを踏まえた計画や取り組みが必要なことを示唆している．

さらに，**表7.1**には，**図7.1**の健康決定要因の諸変数により説明される健康水準指数の分散について，保健医療に関連する要因，居住環境に関連する要因，社会経済に関連する要因が説明する健康水準の変動への寄与率を示している．保健医療要因による寄与は限られており，居住環境要因，社会経済

表7.1 健康水準決定要因の組合せにより説明される健康水準指数の分散[2]

回帰モデルに含めた健康水準決定要因の組合せ	調整済み R^{2*}
保健医療要因	0.055
居住環境要因	0.134
社会経済要因	0.241
保健医療要因＋居住環境要因	0.276
保健医療要因＋社会経済要因	0.321
居住環境要因＋社会経済要因	0.479
保健医療要因＋居住環境要因＋社会経済要因	0.516

* 調整済み R^2 の値は，従属変数の全分散のうち，健康水準決定要因の組合せにより説明される量を示す．（原出典より和文に改変）
　各要因には，以下の因子を含む．
　保健医療要因：保健医療資源，予防活動．
　居住環境要因：都市環境，住環境，都市稠密度．
　社会経済要因：教育，労働・雇用，所得，地域経済．

要因の寄与が十分に大きいことに注目する必要がある．

　健康は多面的であるので，中心に据える健康水準を示す指標をさまざまに取ることによって，健康決定要因の影響の現れ方は異なってくる．また，当然のことながら，時代や地域の特徴によって，健康決定要因の影響の現れ方，健康決定要因相互の関係は変化する．健康決定要因が健康水準に寄与する条件を図示しながら検討することは，それぞれの「まち」の現状を多くの住民が的確に把握することにより，そのまちが目指す健康向上の方向性を共有し，その地域が備えている資源を最も効果的に活用した方策の可能性を話し合うことにもつながるものである．

　健康的で質の高い生活を送ることを目指す「まちづくり」においては，教育，疾病予防活動，保健医療，都市の稠密性，住宅，環境，雇用，所得，地域経済といった，居住環境条件，社会経済的条件が，それぞれ住民の健康水準と密接に関係しているということの認識を，関係するさまざまな人の共通の認識とすることは重要である．さらに，居住環境条件，疾病予防行動，生活習慣，都市環境，都市基盤整備，就業条件といった健康決定要因のどの条件をどれくらい改善することによって，健康向上にどのくらいの寄与があるかの予測をすることも，限られた資源を使って展開するまちづくりにおいて，複数のシナリオを検討するに当たり，重要な過程である．

　震災後のまちにおいて，保健医療や介護サービス提供者においての甚大な被害のみならず，居住環境の壊滅的な破壊，生業の手段を奪われるなどによる社会経済条件の突然の変化が，健康水準にもたらす影響が少なくないことは容易に推測されるが，この健康水準と健康決定要因，特に居住環境条件の変化との関係は，まちづくりの復興の過程で，まちに必要な環境条件を検討するうえで，重要な情報である．

7.2 「健康都市」の概念と展開

7.2.1 ニューパブリックヘルス運動としての健康都市づくり

　住民が直面する健康課題は数多く存在するが，一つ一つの健康課題の背景には共通する社会的要因が多く，また保健医療分野だけの取り組みでは効果

に限界があるため，多くの部門や部局が関わり，市民やさまざまな団体とともに，健やかな地域を創造する必要があるという考え方がある．この考え方は，1970年代後半から，カナダ，欧州を発信地として「ニューパブリックヘルス運動」として広まった．

この考え方の「都市」「まち」の単位での展開が，1980年代後半から，カナダ，欧州，豪州，日本などで取り組まれ，世界保健機関（WHO）はこれを「健康都市プロジェクト」と名づけて推進してきた．

健康都市とは，「住民が互いに支え合い，個々人が人生や生命のあらゆる機能を発揮し，潜在能力を最大限に開発できるように，社会環境を含む生活諸環境や生活諸条件を持続的に創出し向上していく都市」として定義されている．多様な健康決定要因のそれぞれのまちにおける意味を吟味し，有効な包括的地域保健プログラムとしてその発展が加速された．

一方，多くの「まち」では，明示されていなくとも，潜在的に，「そこに住み，働く人々の健康」は，その目指す目標となっている場合が多い．「健康都市プロジェクト」とは，学術的な根拠やさまざまな地域における経験の蓄積を踏まえ，「健康を重視するまちづくり」に系統的に取り組む体制を整え，その実現に向けて展開するプロジェクトということができる．

健康を支える都市環境の創出という観点からまちづくりを見ると，土地利用，住宅，道路，緑地空間，上下水道整備，といった都市のハード面の整備と，そこで行う活動の充実や地域づくりといったソフトの面の両面が一体となり，包括的なまちづくりであることが特徴である．そして，健康を支援する「まちづくり」は，特定の専門家だけが進めるのではなく，さまざまな部門の担当者をはじめ，市役所，民間団体，事業者，住民が知恵を出し合い，合意形成を重ねて推進することに意義がある．

土木学会東日本大震災特別委員会復興創意形成特定テーマ委員会が取りまとめた，「復興まちづくり創意形成ガイドライン（中間報告）」には，壊滅的な被災からの復興計画において，地域の方々が将来への希望を持ち，より多くの関係者の共感が必要であることを踏まえ，復興計画策定の行動指針としてまとめられている．エリアに応じた組織体制と相互の連携，行政と市民が一体となって協働する組織体制，既存コミュニティを活用した市民全体の組織

体制が例示され，ハードおよびソフトの両面からエリアに応じた「復興計画」を策定するプロセスが提言されている．ここには，健康都市づくりで推奨される「ビジョンシェアリング」における組織とプロセスに共通する事項があり，復興のまちづくりに，「健康都市づくり」の手法を生かす意義がある．

7.2.2　健康都市計画における防災・危機管理計画

健康都市プロジェクトでは，地域の健康水準，保健医療や福祉の資源の把握，健康を決定する諸要因の状況を把握することから始め，地域の健康と健康決定要因のプロフィールを踏まえ，重点的に取り組む課題について合意形成を図り，健康都市計画を策定する．

町会，学校，事業所，商店街，その他，人々の活動の場である「セティング」ごとに活動を展開し，活動の分野にとらわれずに包括的な活動を展開することが推奨されている．

地域や学校，事業所，商店街を単位とした防災・危機管理計画も健康都市計画に含まれることが多く，いくつかの健康都市で展開されている地域単位の防災計画，健康危機管理計画の先進実践事例は，今後の地域単位の防災・危機管理計画の策定と実践に生かされることが期待されている．

7.2.3　個別計画から総合計画へ

「健康を重視するまちづくり」というと，単純には，病院や福祉施設の計画が想起される場合が多い．医療法に基づく医療計画，地域保健法を踏まえた地域保健計画は，都道府県単位および二次医療圏という人口数万から数十万単位の病院の一般病床および療養病床の整備を図る地域的単位で策定される．市町村が策定する計画としては，高齢者保健福祉計画，介護保険事業計画，地域福祉計画，障害者保健福祉計画，健康増進計画，食育推進計画などが一般的である．

「健康を重視するまちづくり」には，保健医療，福祉の計画だけでは不足がある．「健康都市プロジェクト」として取り組んだ自治体では，総合計画の大きな柱として「健康」を掲げたうえで計画を体系化して事業計画に結びつけたり，「健康都市プログラム」として健康の視点から自治体の計画，事業を位置

づけることにより，複数の事業を束ねた包括的な取り組みを行っている．包括的な取り組みの推進には，一般的に，自治体の企画計画部門が計画の体系化，事業の推進体制の整備にかかわる場合に，ニーズ把握，計画立案，事業計画，事業実施が円滑に進んでいる．

「健康を重視するまちづくり」の計画立案においては，住民の現在のニーズはもちろんのこと，人口推計や産業計画に基づき，将来の保健・医療・福祉・介護のニーズを想定した計画とすることを重視している．さらに，定期的な調査や複数の分野にわたる各種指標を健康と福祉の向上への寄与の観点から体系化し，定期的に評価結果を公表し，計画の見直しや次期計画に反映させることにより，進捗評価の仕組みを構築している．

7.2.4　健康都市づくりによる地域再生

「健康都市プロジェクト」は，住民が直面する健康課題は数多く存在するが，一つ一つの健康課題の背景には共通する社会的要因が多く，また保健医療分野だけの取り組みでは効果に限界があるため，多くの部門や部局が関わり，市民やさまざまな団体とともに，健やかな地域を創造していこうという理念に基づくものである．

英国のリバプール市やオランダのロッテルダム市での1990年代の健康都市プロジェクトの取り組みは，都市再生計画の展開とともに推進された．限られた財政条件において，持続可能なまちづくりを模索するなかで，健康都市プロジェクトは，エコロジカルシティー計画，持続可能な開発（Sustainable Development）の実現に向けた地方公共団体の行動計画であるローカルアジェンダ21（Local Agenda 21）と同調して展開されることもあった．

災害からの復興過程における地域再生としての健康都市づくりは，すでに健康都市プロジェクトに取り組んでいたフィリピンのマリキナ市やベトナムのフエ市が水害に見舞われた後の復興計画において，健康都市プロジェクトにおける，健康と福祉，安全に関する地域ニーズの把握と包括的な計画立案，実施計画と，進捗評価の手法が生かされている．

7.3 震災復興計画における保健・医療・福祉・介護の計画

7.3.1 震災復興計画における保健・医療・福祉・介護の施策の位置づけ

　2011年10月末現在の，宮城県，岩手県の市町の震災復興計画策定は，市町により若干の進捗過程の違いがあるが，骨子策定，素案，中間案，計画策定完了と，進捗している．

　ほとんどの市町の復興計画に，医療・保健・福祉・介護分野の取り組みが，計画の柱に取り上げられるか，具体的施策として落とし込まれている．

　柱として位置づけている例としては，宮城県気仙沼市は，「保健・医療・福祉・介護の充実」を7つの柱の一つとし，健康づくり，介護予防，心のケア，医療・介護・福祉・住居支援の施策により「一人ひとりの暮らしを支える」生活復興を10のプロジェクトの一つに掲げる宮城県仙台市，「心身ともに健康なまちづくり」を五つの柱の一つに掲げる宮城県女川町，「医療・保健の確保・充実」「福祉の充実」を掲げる岩手県宮古市など，多数に上る．

　復旧から復興段階にあることから，緊急対応としての被災者の心の支援・健診・生活相談，医療・福祉施設の復旧・再開，仮設住宅高齢者への支援などが計画に上る一方，ハードウェアとしての医療施設，保健福祉施設の整備，ソフトウェアとして災害医療体制の充実，保健・医療・介護・福祉の充実や連携，つまり，「地域包括ケア」のシステム構築，充実に重点をおいた計画も見られた．

　研究教育拠点や，健康食の地域産業拠点の開発など，産業振興の事業と関連させた医療・福祉の充実を目指す計画も提案されている．

7.3.2 震災復興計画における地域包括ケアのシステム構築

　東日本大震災復興構想会議の「復興への提言」に，「地域包括ケアを中心とする保健・医療，介護・福祉の体制整備」が，具体的に提案されている．自治体単位での保健・医療・介護・福祉の連携の計画策定は，「復興への提言」を受け，これからの実施計画と地域の連携構築の努力にかかっている．

　「地域包括ケア」は，そもそも，わが国における高齢社会の急速な進展に伴

い高齢者のケアニーズが増大し，単独世帯が増加し，認知症を有する者が増加することなどを踏まえ，保健・医療，介護・福祉，生活支援サービスが，ばらばらに分断されて届けられるのでなく，これらが一体的に提供される体制における包括的なサービスとして提案されたものである．行政だけでなく，民間や住民も参加する地域単位の取り組みであり，支援を必要とする高齢者や患者のニーズに対して，病院や施設に入所している高齢者だけでなく地域で生活する人に対しても，24時間365日切れ目なくサービスを提供しようとするものである．急速な高齢社会の進展を踏まえ，より適切なサービスの提供，適切な連携，危機管理，情報共有のための情報通信技術の活用，保健・医療，介護・福祉，生活支援サービスを担う専門的人材の育成と雇用創出，住民の参加による地域の絆の強化など，総合的な取り組みを目指している．2012～2014年度の介護保険事業計画の第5期計画に反映させることはもちろんのこと，さらに，地域福祉計画やまちづくりマスタープランなど，まちづくり構想との連動も推奨されている．

　震災以前から長い年月をかけて地域における介護，医療のケアの実践を踏まえて制度の改善を検討するなかで提案され，「地域包括ケア」の推進に寄与する介護保険法の法律改正が2011年6月に公布されたところである．「地域包括ケア」は被災地だけに必要ということでなく，どの地域にも必要であるが，人と人とのふれあい，生きがいを組み込んだ復興まちづくりに取り組もうとするとき，復興計画の中で欠かすことのできないシステムである．

　復興計画の中に「地域包括ケア」が取り上げられ，それぞれの地域の将来の保健医療と介護福祉のニーズの動向の推計を踏まえ，医療と介護，生活支援の有機的な連携が，ハード，ソフトの両面から充実することが期待される．

7.3.3　震災前から復興後までの課題と対応

　保健・医療・福祉・介護について，必要なときに，適切なサービスを円滑に受けるためには，①資源，②組織，③財政的基盤，④管理，⑤提供体制が整う必要がある(**表7.2**)．

　東日本大震災の被災地の多くは，住民が身近で利用できる医療の確保ということにおいては，震災の前から極めて厳しい状況にあった．限られた交通

表7.2 保健・医療・福祉・介護サービス提供システムの要素

要素	具体例
① 資源	専門人材，保健医療施設，医薬品・材料・機材，知的財産
② 組織	保健省，他省庁，ボランティア組織，企業の保健組織，営利活動
③ 財政的基盤	税，社会保険，民間保険，慈善寄付・援助，個人
④ 管理	計画，管理，規則，立法
⑤ 提供体制	一次医療，二次医療，三次医療，予防・健康増進

網でつながる地理的に広い地域に人口が分散しているところでは，一定以上の質の医療を24時間365日確保することは，容易ではない．

2008年の人口10万人当たりの医師数は全国で206人であり，この数字は，OECDの他の先進諸国よりも小さいことが指摘されている．地域単位で医師数を見たときに，津波の被害を大きく受けた沿岸部の地域で人口10万人当たり200人以上の医師がいた地域はなく，人口10万人当たり50～100人の医師の医療圏は，宮城県石巻医療圏，福島県いわき医療圏，宮城県白石医療圏，福島県相馬医療圏，岩手県大船渡医療圏，岩手県宮古医療圏，宮城県栗原医療圏，宮城県気仙沼医療圏となっており，多くの地域が，極端に医師が少ない，医療過疎地であったことがわかる．

もともと不足していた医療や福祉サービスを復旧するだけでなく，復興後の保健・医療・福祉・介護と，住居や産業とあわせての包括的な構想が不可欠である．

7.4　地域再生モデルとしての健康都市づくり

東日本大震災の発災後，健康を守るための医療支援や公衆衛生的な支援が各地域においてなされてきた．災害の発災時から復旧時におけるパブリックヘルス対策については，国際的なガイドラインがあり，災害当事国，支援国，関係者の指針が示され，活用されている．

一方，被災地全体を視野に入れた，長期的視野に立った包括的・体系的なパブリックヘルスの取り組み，つまり「健康な地域」づくりを目指した被災地復興ビジョンを提示し，それを実行することは，試行錯誤の状況にある．「住

民がそこに住みたい，住みたくなるまちづくり」へのプロセスを示すこと，住民が中心となるまちづくり，地域コミュニティのつながりの再構築への取り組みが始まったところである．復興へ向けた取り組みを展開するプロセスにおいて，保健・医療・福祉を確保する計画は，まちづくりにおける優先課題の一つである．しかし，一般に復興計画では，まちの基盤整備計画，道路やその他の交通計画，土地利用計画が先行し，産業や疾病構造，人口動態の予測を踏まえた将来必要な地域の保健・医療・福祉サービスのデザインという観点は，十分反映されるとはいえない．将来の「まち」のイメージに，具体的に，医療・福祉・介護の施設，人々の日々の活動場所と関連事業所，その他の施設の配置例を描くことは，既存のまちを尊重しつつも次に踏み出す，新たな「まち」のコンセプトの具体化を支えることになる．住民，行政，有識者が一体となってつくる復興後のまちのビジョンに，「健康といのちを守る地域，まちづくり」という視点，また地域包括ケアの考え方を組み入れるには，住民が主体となった取り組みが重視される．大規模災害の被災地にあっては，ビジョンの実現は，特区の指定，基礎自治体への運用の自由度が確保される予算の配分によって，加速される必要がある．

　被災地域および周辺地域での健康といのちを守るためのまちのビジョンが形成され，地域医療の復興，再編を復興計画に組み込んだまちづくりへの取り組みが始まっている．「保健・医療・福祉の確保」が復興計画の大きな柱に掲げられる場合，復興計画の中で当然必要な要素として位置づけられる場合，それぞれの展開が予想される．地域再生のモデルとしての保健・医療・福祉重視のまちづくりに注目したい．さらに，地域再生のモデルとしての保健・医療・福祉重視のまちづくりは，被災地以外での「地域包括ケア」，つまり，保健・医療，介護・福祉，生活支援の有機的連携の実現に向けて，多くの示唆を得ることになる．ハードの整備，仕組みとしてのソフトの整備に，地域の人々の「絆」をはぐくむまちづくりの構想をどのように組み立てていくかも課題である．

　被災地域にあって地域の復興，その他の地域にあって将来への備えへの取り組みにおける「健康な地域づくり」を通じ，被災地内外にかかわらず，「つなぐ」こと，「支える」ことを通じて，「希望」に満ちた復興への足どりが確固

としたものに仕上がることに期待したい．

《参考資料》
1) 高野健人「健康都市プロジェクト」『日本衛生学会雑誌』Vol.57, No.2, 2002, pp.475-783.
2) Takehito Takano, "An analysis of health levels and various indicators of urban environments for Healthy Cities projects", Journal of Epidemiology and Community Health, Vol.55, 2001, pp.263-270.
3) Richard Wilkinson and Michael Marmot, "Social Determinants of Health", The Solid Facts. 2nd ed. World Health Organization, 2003
4) 土木学会東日本大震災特別委員会復興創意形成特定テーマ委員会「復興まちづくり創意形成ガイドライン（中間報告）」土木学会，2011
5) 東日本大震災復興構想会議「復興への提言～悲惨のなかの希望～」東日本大震災復興構想会議，2011
6) 災害支援パブリックヘルスフォーラム「『災害支援パブリックヘルスフォーラム』仙台フォーラムの開催と今後の活動」『公衆衛生』Vol.75, No.10, 2011, pp.789-791.
7) World Health Organization, Western Pacific Regional Office, "Healthy Urbanization", World Health Organization, 2011

第8章
コミュニティベースでの復興

8.1 はじめに

　東日本大震災の発生から，すでに半年以上が過ぎようとしている．震災直後，未曽有の被害を目の当たりにして大きな衝撃を受けた被災地以外の人々にとって，震災被害はすでに過去のものになり，被災者たちの生活問題はすでに解決してしまったかのように，思われているようだ．何よりも，震災・津波被害の当事者ではない人々にとって，震災からの復興は単なる経済の問題としてしか理解されず，地域やコミュニティに依存しなくても日常生活に何の支障もない都市の人間にとって，震災・津波の被災地域の人々の置かれている状況を正しく理解することは不可能に近い．そうした都市住民たちから視聴率を取るために番組を制作することを宿命づけられている商業ジャーナリズムに，被災地の現在を正しく伝える報道を期待することは，本質的に困難という指摘もある．このような乖離はどうして生じ，なぜ看過され続けるのであろうか．

　震災直後から現在に至るまで，マスコミやネット等で連呼され続けた「がんばろう日本」「がんばろう東日本」というキャッチフレーズは，こうした乖離，そして日本社会の矛盾を，極めて端的に表す言説だった．今回の大地震と津波の被災地の多くは，長い自民党政権が輸出産業重視のために切り捨てた農業，林業，漁業を生業とする地域であった．被災地の人々は，近しい人たち

とともに，30年とか40年という長い時間をかけて育ててきた農業や畜産業，漁業という生活基盤を，一瞬にして失ったのである．それは彼らにとって，被害額とか補償額といったものに還元できない重みを持ったものだったはずだ．つまり彼らは，「偶然生き残ってしまったことへの罪悪感(サバイバーズ・ギルト)」と，「長年かけて育ててきた生活基盤を失ったことへの喪失感」を抱いて茫然としていたはずだ．それにもかかわらず，その喪失感を無視するような言説が即座に，キャンペーンのように連呼されることに異常さを感じる人が，皆無に等しいように思われたのはなぜであろうか．

さらに，災害発生から6か月が経った今に至るまで，被災者に対する生活補償や被災地における瓦礫の撤去が終わらず，被災者の将来的な見通しがつかないにもかかわらず，災害資本主義ともいうべき立場から，地域住民の意向を問う前に，いわゆる「創造的復興」というスローガンが掲げられている．それは，震災によって犠牲になった人々の命，そこに確かにあったはずの数々の物語に配慮することなく，被災地を全部更地にした上で，地域の文脈を無視した経済的な効率性・合理性に基づく計画に基づいた地域の復興を行おうとするものだ．我々はすでに，阪神・淡路大震災後のいわゆる「創造的復興」が，震災によって被害を受けた地域住民，そして地域コミュニティに対して，「政治経済による組織的収奪」という「第2の被害」を及ぼしたことを知っている．また，災害からの復興計画はしばしば，住民たちの階層的な入れ替わりを発生させることが指摘されている．それにもかかわらず，そうした「被災地・被災者からの収奪」をもたらす計画は何故に立てられ，何故に肯定されてしまうのか．そして，それに代わる，「人間の復興」「心の復興」にはどのようなものがあり，それを実現するにはどうすればいいのだろうか．

本章では主に，コミュニティとソーシャル・キャピタルという概念を用いながら，これらの問題について検討し，我々が東日本大震災から学ぶべきこと，震災復興において看過してはならないものは何かということについて考察していくことにしたい．

8.2　被災地・被災者との認識ギャップ

　e-Japan 戦略および e-Japan 戦略Ⅱにより，今や日本では，世界的に見て非常に安価，しかも高速のネットワークを利用できるようになった．デジタル・ネイティブと呼ばれる人々に代表される，国境を越えて活躍する人材の誕生が，大きな社会現象として注目されるようになった．日本社会は，脱工業化＝高度情報化社会の段階を超えて，脱情報化社会の段階にあるともいわれている．24 時間営業のコンビニエンスストアがそこかしこにあり，さまざまな問題を解決してくれるサービスも充実している．人々は，地域社会や親族，友人知人そして数々の専門機関を，必要に応じて必要なだけ活用することで，自らが抱えるさまざまな問題を解決することができるようになった．個人を中心とした問題解決のための人的なつながりは，もはやコミュニティではなく，エゴ・セントリック・ネットワークと形容すべきものとなり，個人が自らの問題を解決するために活用できるソーシャル・キャピタルとして理解すべきものとなった．

　しかし，それは，都市的な世界において，そのような資源とスキルを活用できる人に限っての話だ．そして日本には，そうした認識になじまない地域や人々もまた，多く存在する．今回の震災で被害を被った地域の大半は，漁業，林業，農業を生業とする地域であり，自動車や電子部品の中小企業が広く分布している地域であり，過疎と高齢化という問題を抱えた地域であり，何代にもわたってそこに住みついてきた人が多い地域であり，地域社会における人々のつながりが密な地域であった．これはすなわち，今回の地震や津波の被害に遭った地域に住む人々が，生活の個人化が進んだ都市に住む人間たちとは，官庁や大企業で働く人たちとは，金融や情報などを扱う仕事についている人たちとは，全く違う世界に住み，生活していたことを意味している．

　都市に住む人間が，今回の震災について正しく理解できない原因の多くは，そうした違いについての理解がないままに，単に情報として震災被害について理解したつもりになっているからであり，報道番組を含めたテレビ番組が，

そういう視聴者を想定し視聴率を稼ぐために情報を収集し，選別し，編集した上で，放送するからであろう．そして，ある放送内容が視聴率を上げた途端に，「二匹目のドジョウ」を狙った放送が次々と流されて，視聴者の記憶を強化する．それが世論を誘導し，政府・政治家の無視できない力となって，やがてはさまざまな政策に反映されることになる．しかしその中には，肝心の被災者から見れば的外れな政策，地元民には迷惑千万な政策も少なくないという．しかしながら，現在のマスコミのシステムの下では，それ以上のことを期待することは事実上不可能である．視聴者自らが学び，気づき，行動すること，そして，マスコミ以外の水平的なネットワークを活用して真実を検証する習慣をつけること以外に，このクレイジーなシステムを変えていく手段は存在しないのかもしれない．しかしそれこそが，現場で貴重な情報を得ながらも，全国に発信することができずに切歯扼腕している心あるジャーナリストたちの仕事を，日本国民全体が共有できるような状況をつくり出すために，そして，被災地域および被災者たちにとって本当に必要な政策が選択され実現されるために，我々国民が，確率論的に被災者にならずに済んだに過ぎない者たちが，行わなければならないことではないかと思えるのだ．

8.3 被災地および被災地域の社会特性について

今回の大震災の津波は北海道から千葉県の7道県を中心に大きな被害を及ぼした．これらの地域の多くは，経済のグローバル化と構造改革の遂行の中で地域産業が後退し，過疎化と高齢化が進行し，コミュニティ機能が弱まり，買い物難民，医療難民，ガソリンスタンド難民が問題化していた農村漁村地域や地方都市であった．現地を訪れた人間は，「釜石，大槌，陸前高田，気仙沼，女川，石巻の被災地を訪れたが，『壊滅的被害』という言葉が過剰表現ではない」とまで言っている．しかも「平成の大合併」で基礎自治体の規模が広域化し公務員数が減少した被災地域では，災害の把握から始まり孤立集落，家屋の確認，援助物資の配給にも，困難をきたしているところが多い．

しかし，広範囲に分布している被災地域に点在する地域コミュニティの特性が，場所によって大きく異なっていたことについては，注意が必要である．

8.3 被災地および被災地域の社会特性について

例えば同じ原発事故の被害に遭ったコミュニティであっても，プライバタイゼーションが進んだ地域では区会・町内会による避難誘導はほとんど見られず，避難行動も家族・親戚を伴った個人的なものであることが多かった．これに対し，地域コミュニティの結びつきが強い地域では，自治体が主体となって，集落ごとの移住，あるいは全村民避難が試みられる場合もあった．今回津波の被害に遭った地域では，浦ごとに小規模の漁村が点在し，代々住みついている住民が多く，地域内の人間関係は非常に濃密であり，一度も転居したことのない住民が多いところが多い．こうした集落および住民特性の違いは，避難および復興において大きな違いを生む原因となる可能性がある．

さらに，被災地は各県に均等に広がり，同じ現象を引き起こしているわけではない．それぞれの地域の立地条件，地域社会の歴史的存在形態によって，多様な災害が，個々の住民の生活領域ごとに生じているのである．ここに，それぞれの自治体が主体となって，それぞれの災害の様相に合わせて避難所を設定し，復興への動きを形にしていかなければならない理由がある．

しかし今回の震災では，阪神・淡路大震災と異なり，津波被害のために完全に機能を喪失した自治体が少なくない．自治体の機能が喪失すると，自治体が主体となった集団移転ができないばかりでなく，自治体の機能を前提とする公共サービスそのものも崩壊することになる．行政が行っていた事前の訓練も，あらかじめ作成してあったハザードマップも，危機対応マニュアルも，行政の機能が根こそぎ喪失させるような想定を超えた災害を前にしては，何の役にも立たなかった．

また，行政機関が運よく被災を免れた地域においても，自治体職員は，避難所運営，行方不明者捜索，火葬許可，罹災証明書発行，仮設受託の建設や入居者の決定，見舞金や義捐金の配分などの，爆発的な業務の増加と，避難せずに済んだ住民からの相談や手続きに忙殺された．被災地から遠く離れた地域から支援物資や義捐金を送っても，なかなか被災者の救済に回らなかったのは，そのような事情があったからだ．

そのような状況の下で，商店や銀行，役所や郵便局はもとより，電気・ガス・水道そして道路までもが瓦礫と化した被災地域では，個人の生命維持はもっぱら，本人の持つソーシャル・キャピタルの活用のいかんに委ねられる

ことになる.避難所に集まった人々,残った人々には,このような激甚災害の際に活用できるソーシャル・キャピタルに乏しい人が多かった.そして,それぞれの避難所でリーダーの役割を果たした人も,あらかじめそうなることが予定されていた人であるというよりはむしろ,たまたまその避難所に居合わせたことからその役割を担わざるをえなかった人であることが多かった.

今回の大震災とその直後の津波,および原発事故によって致命的な被害を受けた地域は,そもそも,多大な人口を擁する都市部の住民の生活環境とは大きく異なるものであった上に,震災直後の被災地は,平常時とは甚だしく異なる状況だったのである.

8.4　避難所コミュニティとソーシャル・キャピタル

平常時を前提とした行政機能がマヒする激甚災害時には,人々は自らのソーシャル・キャピタルを頼るしかない.被災直後に避難所に入らざるをえなかった人であっても,ソーシャル・キャピタルを活用して,次第に避難所を後にする傾向があったという.こうして結果的に,避難所は,災害時に頼れるソーシャル・キャピタルが乏しい人の,最後の砦としてのコミュニティとして機能することになる.こうして避難所には,平時でさえもソーシャル・キャピタルを蓄積できず,地元のコミュニティにもなじめないような人が多く残る傾向が生じてしまったのである.

災害時,避難所の中で,被災地域に住む住民一人ひとりが持つソーシャル・キャピタルを軸にしたマイクロ・コミュニティが形成され,外部のソーシャル・キャピタルを活用して避難所コミュニティの状態を向上させるべきであり,そうあるものだと,我々は無条件に考えがちである.しかしながら実際には,被災地域の住民たちの間で,個々人の持つソーシャル・キャピタルをシェアするという事態が生じるのは実はまれで,たいていの場合,ソーシャル・キャピタルを多く所有している人から順に,避難所を離れて行ってしまったとの指摘がある.

その結果,激甚災害という極限状況の下,避難所によっては,少しでも「不公平」な事態が生じると,大きなもめごとに発展し,避難所の秩序が守れな

くなるという危険を抱え込むことになった．このような避難所では，避難所のアメニティを改善させるよりも，避難所の秩序を保つことが優先されることになる．こうして，避難所生活におけるさまざまなアメニティを改善するために外部から企業や個人が支援活動を申し入れても，避難所のリーダーから却下されるという事態が，しばしば発生することになった．その結果，避難所コミュニティの状態とリーダーの才覚および責任感が，避難所の方針と外部のソーシャル・キャピタルとのマッチングの不調や，外部のソーシャル・キャピタルの流入阻止という事態を招き，それが大きな避難所格差を生むことになったのである．

当事者以外の人間にとっては，避難所コミュニティの社会特性という細かい現場の事情にまでは思いが至らないであろうが，被災者たちにとって避難所に集まった人々がどのような構成であるかが，非常に大きな問題である．平等・公平を原則とする行政にとっては，特定の地域の住民だけを特別扱いするわけにはいかないということなのかもしれない．しかし，避難所においてもコミュニティ内部での人間関係がそのまま維持されないと，住民同士での相互扶助が発生しないだけでなく，情報の伝達もうまくいかず，行政の支援がスムーズに末端まで行き渡らないという事態がしばしば発生し，避難所の運営が滞って予想外の行政コストが発生したり，避難民の間での不安や不信などが理由で健康被害が発生したりすることが指摘されている．

事実，阪神・淡路大震災(1995年)では，抽選で住居がバラバラになった結果，高齢者250人以上が孤独死した．直後の中越地震(2004年)では集落ごとに仮設住宅が設けられたが，中越沖地震(2007年)ではそれが徹底されず，仮設住宅入居者へのアンケートでは約4割から「地域のつながりが維持されていない」と答えている．これらの入居者の中には，避難所生活で健康を害したり，精神的な不安に陥ったりした人も少なくないと思われる．

つまり，第二次的な人間関係が支配的で，専門機関を使って共通問題を処理することが中心となっている都市的社会に対して，今回の被災地の中でも特に農村・漁村地区では，第一次的関係が支配的で，共通問題を相互扶助によって解決するのが当たり前の地域だった．日々の生活における相互扶助も情報伝達も心理的安定も，村落コミュニティにおける人間関係が前提となっ

ていた．こうした条件があったからこそ，生活コストや行政コスト，そして医療コストも低く抑えられていたのである．激甚災害によってコミュニティの存在基盤である物理的環境が破壊された被災地に，都市的な生活様式や平等・公平という行政の建前を無条件に適用すれば，被災地住民たちの生活が成り立たなくなり，避難所コミュニティの運営に支障が出るだけでなく，被災者の生活問題そして健康問題が発生するのは，至極当然といえる．

8.5　集団移転と個別移転：コミュニティとネットワーク

今回の大震災と津波・原発事故では，村長が中心となって全村避難を実現した例が話題になったが，災害国である日本においては全村避難あるいは移転という方法が選択されることは珍しくない．近年では2000年の東京都三宅村，2004年の新潟県山古志村で全村避難，移転が行われているほか，過去には奈良県吉野郡十津川村の一部の集落が水害によって北海道に移転し，「新十津川村」をつくった例がある．災害以外の移転と集住の例としては，アメリカにおけるリトルチャイナ，リトルイタリー，リトルトーキョーなどがあり，移民たちによる独自のコミュニティがつくられている．災害による移住と自らの意思による移住を同列に扱うことには無理があり，元の居住地に戻ってコミュニティを復興する意思の有無という点で本質的に異なるが，言語や文化を共有する人たちが，元の居住地を離れてコミュニティを形成するという点では共通しているといえるだろう．

さて，三宅島の全村避難では，八王子市など費用の安い郊外に比較的多くの村民が集まっていたほかは，全国に分散して居住せざるをえなかったという事情がある．三宅村では，村民同士の意見交換の場としてインターネットの掲示板を設け，プリミティブなSNSのようなものを設置し，リアルなコミュニティの喪失をバーチャルコミュニティの形成によって補うことによって，2005年の帰島を迎えることができた．ただし，① 生活環境が著しく変わったため，体調を崩して多くの高齢者が亡くなり，② 子供が新学期の時期に当たる若い世代の家族がなかなか帰島できず，③ 高感受性者とその家族が帰島できず，④ 避難中に就職して生活拠点を移してしまった人が帰島

しなかったなどの理由で，住民数は避難前から1 000人以上減少したという．

一方，山古志村では，避難所コミュニティの段階から集落ごとにまとまるよう配慮を行い，各戸の状態を把握している区長がキャップになるなど，集落機能を生かした対応を行っただけでなく，仮設住宅の入居も集落単位に編成し，周辺に集会所やボランティアセンターなどを設けるなどして，村民たちが長期避難を乗り切れるようにさまざまな心配りを行った．集会所は，村の復旧や将来を話す場として大きな役割を果たした．帰村に際しては，生業をはじめとして，それまでの生活が成り立つような仕組み全体の再建を工夫した．村民のための復興住宅についても，それまでのライフスタイルと集落の景観を尊重し，木造の在来工法で集落の中に溶け込める住宅，できるだけ戸建に近くこれまでと同じ生活が営めるような住宅を用意した．これらを含めさまざまな形で生活基盤と経済基盤の再建を一体とした集落の再生を試みたところ，震災前の7割の住民が復帰したということである．

これらはいずれも，中山間地や離島という，地域コミュニティ内でのつながりが強かった地域についての典型例であり，今回地震・津波・原発事故の被害に遭ったすべての被災地について同様のことが可能であるとは限らない．しかしながら，仮設住宅・移転先コミュニティにおいて，地域コミュニティにおける住民と情報交換や相互扶助により人と人の絆が維持され，生活再建に向けての見通しやコミュニティ復興に向けての情報が共有され続けたことが，阪神・淡路大震災時に行われた「創造的復興」に対する創造的な批判としての「人間の復興」を実現するうえで，大きな力となったことは間違いない．これから被災地域の復興を行うに当たり，これらの地域の経験は，非常に貴重な参考例になるはずである．

8.6　被災地域の復興に向けて：「創造的復興」から「人間の復興」へ

大きな災害に見舞われた地域の復興の多くが，災害資本主義やショック・ドクトリンといった，スクラップ・アンド・ビルド方式によって行われ，その結果，階層的な入れ替えによって元々の住民が地域を追われたことは，す

でに明白な事実である．その一例である阪神・淡路大震災後の復興過程では，16年の間に900人を超える仮設住宅・復興住宅の居住者が孤独死を遂げたという事実もある．阪神・淡路大震災後の復興はかなり早い速度で進行したものの，地元の話を受け入れない，行政の目線で行われたトップダウン方式のものであったために，地元民の不満も大きかったのである．これは，被災地コミュニティが地震による被害を受けたのちに，創造的復興の名の下に政治経済的な収奪を受けた結果，被災地にどのような現象が起こるかを，如実に示すものといえよう．

　阪神・淡路大震災の復興事業の後は，こうした「創造的復興」のもたらす弊害を避けるために，住宅と生業，雇用，所得の確保を最優先した復興策が試みられるようになった．先にあげた山古志村の復興事業は，その好例とされている．地元材を生かした木造戸建て住宅を，廉価に，しかも被災者を雇用しながら建設することによる，地域循環型システムの復興．集落機能の回復を最優先した，共同体単位の復興．そこには，被災者の基本的人権と，生活の再建，そのための住宅，医療，福祉の再建を最優先した復興の姿があった．そして，それを実現するために，国や県に対して被災者や基礎自治体での復興の取り組みを最大限尊重し，強力なバックアップを求めていく試みがあった．それはすなわち，被災地コミュニティを起点としたボトムアップ型の復興計画を，国や県など上位の自治体がサポートするという，新しい復興のカタチといえる．

　こうした「人間の復興」の事例は，何も日本に限ったことではない．中でも，ハリケーン・カトリーナ（2005年）によって広範な地域が被害を被ったニューオリンズ市の復興計画は，住民参加型の復興計画として前例のない優れた成果と評される．当初は行政主導の計画やコンサルタント頼みの計画などいくつかの計画策定がなされたが，実効性や地区課題に適さないといった点でうまくいかず，最終的にゼロベースからの住民会議での討議からスタートし，より現実的で実効的な計画が策定され実施されることとなった．計画策定においては，"アメリカ・スピーク"という提言NPOが司会役となり，「コミュニティ・コングレス」という名称での住民会議を3回開催して，参加した市民（通算4000人）の意見を反映させながら，計画を策定していった．そこで

は洪水リスクと人口減少リスクという二つのリスクを柱とした議論がなされた結果，洪水リスクが高い地域を対象とした住宅移転による集住とそれと連動した社会機能の回復を含むプログラムが策定されることになった．この計画はルイジアナ州復興委員会から「すべて住民からの代表の意見を得た，先例のないほど広範な住民参加」による本格的計画と認定され，連邦政府からの資金を得ることができた．参加した市民たちの「現場目線」「的確な課題把握」が，計画の実行を高めたと評され，同計画に沿った復興は現在も高い評価を受けているという．

さて，東日本大震災後の地域社会，それもかつての「講」や「消防団」のように結びつきの強いローカルコミュニティの中から，コミュニティの復興のための計画が，提案されるようになった．具体的には，南三陸町の伊里前地区における講ベースの集団高台移転計画や，いわき市の豊間地区における高台移転計画などである．しかし，震災後半年の時点では，こうした復興プランに対する行政側の反応は鈍い．財政的な事情の下，行政側の考える「創造的復興」型の都市計画を優先し，それを全面的に受け入れるまではいかなる復興計画も認めないという姿勢のようにも思われるが，これは地震と津波の被害に苦しむ被災地住民に対して，さらに政治経済的収奪を行うことによって，地域の経済開発を行おうとする，災害資本主義やショック・ドクトリンに通じるやり方と言わざるをえない．

こうした従来型の復興計画に対抗する方法としては，

① 被災したコミュニティの間をソーシャルメディアでつなぎ，それぞれの地域が提示している復興プランの進捗状況を逐一ソーシャルメディアに報告することで，情報共有を行うとともに，行政や政治家にプレッシャーをかける．

② 行政に期待するのではなく，強固なつながりを持つローカルコミュニティに外部から支援金を集める仕組みをつくり，そのコミュニティのリーダーに大胆に裁量権を与え，勝手に復興させる

③ 独自の復興プランを進めている伊里前や豊間のような地区のリーダーに十分な裁量を与え，地域選出の政治家に彼らと行政の間に入り調整をしてもらって，地域主体の災害復興が実現できるようにする．

④ ソーシャルメディアを活用してローカルコミュニティの持つ従来の資産をオープンにし，物事が決まっていくプロセスをすべて公開するなどして，広範な情報共有を行うことによって，ローカルコミュニティ発の復興プランの正当性を広く認めてもらえるようにする．

などの方法が考えられるだろう．

ただし，すでに震災が発生する以前から，被災地域にある集落の多くは過疎化・高齢化しており，限界集落化するのは時間の問題であったともいわれる．したがって復興計画には，今回のような大災害への対応とともに，持続可能なコミュニティの形成につながるかどうかが，問われることになろう．

8.7 復興の方法論としての「新しい公共」

今回の震災では，歴史的に東北地方が置かれてきた立場と，行財政改革および自治体合併による公務員および予算の削減が，被災直後の対応と復興への動きを阻害しているという指摘がある．しかしながら，本稿における考察を踏まえれば，今回の大震災のような激甚災害が広範囲の地域を襲うことを想定した場合，災害発生時に被災地の住民の生命を守り，避難所での生活や移転先での生活で情報伝達や相互扶助をスムーズに行いながら，住民主体の復興計画を現実のものにしていくためには，それとは全く逆の方向性，すなわち，行政だけでなくNPOやボランティア，そして地域住民の協働による「新しい公共」をつくり上げていくという方向性を目指すべきと考えられる．

まず，行政機関の肥大化については，① 災害によって行政機関そのものが失われ，行政職員が被災あるいは避難した場合，行政職員が存在していることを前提とした災害対策は機能しないこと，② 仮に行政職員が生存し職務を遂行できる状態にあっても，災害の現場では一時的に膨大な業務が発生し，行政職員はそれに対応することに忙殺され，ほかのことに手が回らないこと，③ 行政は基本的に，災害対応に当たって平等・公平の原則を適用せざるをえず，そのために避難所での相互扶助・情報伝達が機能しないなどの支障を生じる可能性が高いこと，④ 災害復興計画においても行政側の論理が優先され，地元住民の意見が反映されずに，政治経済的な収奪が合法的に

行われる可能性が高いこと，⑤ 100 年に一度，1 000 年に一度の災害への備えのために，冗長性の高い行政組織を税金を使って維持するのでは，コストパフォーマンスが悪すぎること，などの理由から，単に今回の震災を理由にして肯定するのは難しい．

したがって，自治体行政は平時の対応を前提としてスリム化し，① 緊急時には他の自治体からの応援を得て被災地対応ができるように，自治体同士の横のつながりを重層化しかつ強化しておく，② 他の自治体の職員が応援に来てスムーズに対処できるよう，業務の標準化あるいは共通化を図るとともに，自治体クラウドを活用してデータの喪失を防ぐ，③ 自治体と住民との間を媒介する地域コミュニティを形成し，被災者に対する行政の援助および行政からの情報が，隅々まで行き渡るような状態をつくっておく，④ NPO やボランティアなど，地域外のソーシャル・キャピタルを活用するノウハウを持った人間を育成し，災害時に動けるようにしておく，⑤ 災害復興時には，行政が上から復興計画を押し付けるのではなく，コミュニティ・リーダーや NPO などを媒介として被災地住民の意見・要望をもとに計画内容を策定し，行政側はこれを実現するための工夫を行う，という方向を目指すべきである．そして，それを成立させるためには，行政と住民，NPO とボランティアの協働の中で，これまで行政のみが根拠となってきた公共に代わる「新しい公共」をつくり上げていく必要があるだろう．

ただし，こうした「新しい公共」を実現するためには，① 協働に加わる主体それぞれが成長し成熟した存在であることと，② そうした主体の間で行われるコミュニケーションが生産的で多くの人の賛同を得られるものであること，③ さらに，そのコミュニケーションによって物事が決まっていく過程が何らかの形でオープンにされることが必要である．したがって，地域社会の中に「新しい公共」を実現するためには，関係する主体それぞれの努力と，相互信頼，情報共有，協働してよりよいものをつくり上げていこうとする意志が不可欠なものとなる．災害復興は，地域の異なる主体に共通の目標を設定する得がたい機会であるから，これを奇貨とし，「新しい公共」をともにつくり上げていくという動きが立ち現われて広がっていくことを，期待したい．

8.8 おわりに

　今回の震災・津波・原発事故は，戦後の日本が取り続けてきた政治と経済の論理に基づく国づくり，地域開発のあり方の矛盾を，国民の前にこれ以上ない形で明らかにしたといえる．本稿では，かつて1969（昭和44）年に「人間性回復の場」として提起されたコミュニティという概念と，近年とみに注目されるようになったソーシャル・キャピタルという概念を手掛かりに，今回の震災および震災後の経緯と復興のあり方について考察してきたが，最後に，「心の復興」のあり方について検討し，今後の復興事業で最も重要と思われるポイントを指摘することで，本稿の結びに代えたい．

　日本社会は，3.11の震災と原発事故により，実に多くのものを喪失した．しかしその直後にマスコミで，ネットで連呼されたのは，まだ悲しみという形にすらならない喪失感を受け止めるための言葉，共感して癒そうとする言葉ではなく，「がんばろう」という「復興に向けての言葉」だった．これまで長い間積み重ねてようやく実現したものが，人間の合理性を超えた災厄により，一瞬のうちに暴力的にもぎ取られたという理不尽さ．それによって失われた理想や可能性をきちんと受け止め追悼し癒し継承していくということなしに，被災地とは直接関係のない外部の人から「過去はすべて瓦礫となり意味のないものになってしまったのだから，全部更地にして立て直すのが合理的だ．一刻も早く，そうした復興を実現するために，我々日本人は力を併せて頑張るべきだ．」と言わんばかりのメッセージが早々と発せられ，連呼された．しかしこれは，震災によって多くのものを，大切な人を喪った喪失感と，偶然生き残ってしまったことの罪悪感を抱えた被災者たちにとっては，励ましというよりはむしろ，自分たちの心をまるで理解しようとしない人たちから仕掛けられた，言葉の暴力とでもいうべきものではなかっただろうか．

　前近代の社会においては，そうした喪失感を何とかしてきたのは宗教だった．しかしいまは，そうした計算できないものをあがなうための，癒しのための言葉，あるいは思想といったものを，我々は持っていないのではないか．被災地の多くは，農業，畜産業，漁業といった，30年とか40年という長い

間をかけてようやくある程度の規模を実現できるような，第一次産業を中心とした地域だった．今回の震災は，そうした，自分の人生の大半をかけてようやく実現したものを，すべて奪っていってしまったのだ．失われたモノは被害額に換算され補償によって償われるかも知れない．しかし，そこに積み重ねられた時間は，再び戻ることはない．そうした喪失感，そしてサバイバーズ・ギルトを，きちんと受け止めて癒し，その意味を受け継いでいける文化的な深みを，我々は失ってしまっているのではないか．あの無神経に繰り返された「がんばろう日本」「がんばろう東日本」という言葉は，実は今の日本人の抱える本質的な虚しさ，我々の持つ文化と発想の底の浅さを象徴する言葉だったのではなかろうか．

　今，我々がなすべきことは，被災者たちが抱えている喪失感を受け止め，彼ら自身が，失われたものとともに築いてきた物語を継承・発展させることで，自らの過去と未来の中で現在を位置づけ直していこうという営みを，そして，今回の震災で亡くなった人たちから見られていることを意識しながら，黙して語らない彼らが紡ぎだすはずであった物語を彼らの代わりに紡いでいくことにより，自ら被った痛みを癒していくような営みを，共感を持って理解し，社会として支えていくことではなかろうか．災害資本主義やショック・ドクトリンを排した，地域の社会特性と歴史的な特性を生かしたまちづくり，コミュニティ成員のライフスタイルと，職業および経済状態を考慮した居住計画，行政だけでなくコミュニティやボランタリー・アソシエーションなども参加した新しい公共づくり．それは被災者にとって，自分たちの継承してきた物語を新しい物語へと昇華させるものとなると同時に，「向こう側」から見ている人たちにも十分認めてもらえるものと実感できるものになるはずだ．そして，そういったものを進めていくプロセスそのものが，被災者の喪失感やサバイバーズ・ギルトを癒すプロセスとなるのではなかろうか．

　このようなことを考慮すれば今回，東日本を襲った未曽有の災害からの復興の営みは，関東大震災や阪神・淡路大震災の直後に行われた「創造的復興」に代わる，「人間の復興」「心の復興」を目指すべきであるといえる．それを実現する上で，ここで提起したコミュニティベースでの復興という視点は極めて重要であり，最も優先されるべき事柄なのである．

《参考資料》

1) 相川康子「震災時の NPO・ボランティアと自治体の関係」『ガバナンス』Vol.121，2011，pp.16-18
2) 青木勝「『帰ろう山古志へ』―中越地震からの山古志復興が意味するもの」『住民と自治』No.581，2011，pp.20-23
3) 青山彰久「福島の苦悩とは何かを考えながら」『ガバナンス』Vol.124，2011，pp.88-89
4) 赤崎友洋「立ち上がる被災者たち―『大槌復興まちづくり住民会議』の挑戦―」『世界』Vol.820，2011，pp.88-90
5) 東琢磨「ヒロシマ 4 と命てんでんこのあいだで」『現代思想』Vol.39，No.10，2011，pp.192-201
6) 安部安成「復興のリリック (fukko no lyric)」『現代思想』Vol.39，No.10，2011，pp.185-191
7) 有田博之「被災農地・農村集落の復旧と復興」『都市問題』Vol.102，No.6，2011，pp.21-27
8) 井ノ口宗成「IT 化社会の自治体機能を被災時にはどのように確保するか」『都市問題』Vol.102，No.6，2011，pp.15-20
9) 猪瀬直樹・村上龍・東浩紀「断ち切られた時間の先へ―家長として考える」『思想地図 beta』Vol.2，2011，pp.74-93
10) 今井照「『急がない復興』へ―福島の自治体で何が起きたか」『ガバナンス』Vol.124，2011，pp.20-23
11) 今村文彦「超巨大地震・津波の実態」『世界』Vol.817，2011，pp.212-216
12) 牛山久仁彦「住民・行政の協働と分権型まちづくり」『都市社会研究』No.3，2011，pp.16-26
13) 姥浦道生「被災後 100 日の復興まちづくりとその課題」『地域開発』Vol.564，2011，pp.10-14
14) 大江健三郎「私らは犠牲者に見つめられている―ル・モンド紙フィリップ・ポンス記者の問いに―」『世界』Vol.817，2011，pp.30-33
15) 大友詔雄「自然エネルギーの全面的利用による災害復興を」『住民と自治』No.579，2011，pp.8-12
16) 岡田知弘「被災者の『人間の復興』を最優先した復興を―復興構想会議『復興への提言』批判」『住民と自治』No.581，2011，pp.14-19
17) 岡田知弘「東日本大震災からの復興の視座」『現代思想』Vol.39，No.7，2011，pp.212-217
18) 奥田裕之「『新しい公共』における市民ファンドの可能性」『都市社会研究』No.3，2011，pp.55-70
19) 菅野典雄「飯館村の計画避難と小規模自治体のあり方」『住民と自治』Vol.579，2011，pp.5-7
20) 北井弘「各地区の生活応援センターを中心に地域の実情に合った復興を模索」『ガバナンス』Vol.123，2011，pp.29-31
21) 北村龍行「避難生活者の故郷への思いと，自治体の住民への思い」『都市問題』Vol.102，

No.7，2011，pp.35-38

22) 熊坂義裕・熊坂信子「非常時にあって痛感する国や県，報道との感覚のズレ」『都市問題』Vol.102，No.7，2011，pp.4-12
23) 小山弘美「町内会・自治会の変容とその可能性」『都市社会研究』No.3，2011，pp.71-88
24) 佐々木俊尚「震災復興と Gov2.0，そしてプラットフォーム化する世界」『思想地図 beta』Vol.2，2011，pp.130-147
25) 佐藤力也・小笠原純一・菅野恒信・嶺岸裕子，森久一・鈴木達也・平岡和久「『人間の復興』へ―自治体現場からの直言」『住民と自治』No.581，2011，pp.4-13
26) 庄司慈明「まず復旧，そして復興へ」『世界』Vol.820，2011，pp.76-82
27) 鈴木謙介・福島亮太・浅子佳英・東浩紀「災害の時代と思想の言葉」『思想地図 beta』Vol.2，2011，pp.94-109
28) 鈴木庸夫・出石稔・小泉祐一郎「自治体のあり方を根本から見直す『震災ガバナンス』の構築を」『ガバナンス』Vol.123，2011，pp.38-44
29) 関いずみ「地域再生への道程―水産業復興を考える」『都市問題』Vol.102，No.8，2011，pp.15-20
30) 高成田享「石巻市・希望と再生を求めて」『世界』Vol.817，2011，pp.224-230
31) 田中重好「災害社会学のパースペクティブ」，浦野正樹・大矢根淳・吉川忠寛編『シリーズ 災害と社会 ① 災害社会学入門』弘文堂，2007，pp.44-51
32) 田中重好「スマトラ地震とコミュニティ」，浦野正樹・大矢根淳・吉川忠寛編『シリーズ 災害と社会 ② 復興コミュニティ論入門』弘文堂，2007，pp.235-244
33) 玉野和志「公共性をめぐる市民と自治体の新しい関係」『都市社会研究』No.3，2011，pp.1-15
34) 塚原東吾「災害資本主義の発動―二度破壊された神戸から何を学ぶのか？」『現代思想』Vol.39，No.7，2011，pp.202-211
35) 津軽石昭彦「震災を契機とした自治体間連携を考える―雇用対策の側面から」『ガバナンス』Vol.125，2011，pp.22-24
36) 津田大介「ソーシャルメディアは東北を再生可能か―ローカルコミュニティの自立と復興」『思想地図 beta』Vol.2，2011，pp.52-73
37) 中島直人・田中暁子「巨大津波に向き合う都市計画―津波に強いまちづくりに向けて」『都市問題』Vol.102，No.6，2011，pp.4-14
38) 中島信「持続可能な漁村集落へ―志和岐地区調査から」『住民と自治』Vol.580，2011，pp.8-11
39) 名和田是彦「被災地のコミュニティ支援」『ガバナンス』Vol.124，2011，pp.37-39
40) 新川達郎「復興・復旧に向けた自治体議員・議会の役割」『ガバナンス』Vol.123，2011，pp.23-25
41) 人羅格「地域主体の復興をどう支えるか―問われる政府の覚悟」『ガバナンス』Vol.124，2011，pp.14-16
42) 平川大作「全住民避難に必要な対応について―三宅島全島避難の経験から」『住民と自治』Vol.580，2011，pp.22-25
43) 平山洋介「危機は機会なのか？」『世界』Vol.820，2011，pp.67-75

44）藤村龍至・東洋大学藤村研究室「復興計画β：雲の都市」『思想地図beta』Vol.2，2011，pp.38-51
45）和合亮一・東浩紀「福島から考える言葉の力」『思想地図beta』Vol.2，2011，pp.186-193
46）前山総一郎「東日本大震災におけるコミュニティ自治」『まちむら』No.114，2011，pp.40-46
47）美馬達哉「災害を考えるためのメモ―リスク論を手掛かりに」『現代思想』Vol.39，No.7，2011，pp.178-184
48）宮入興一「東日本大震災と復興のかたち―成長・開発型復興から人間と絆の復興」『世界』Vol.820，2011，pp.43-54
49）宮崎益輝「『高台移転』は誤りだ―本当に現場の視点に立った復興構想を」『世界』Vol.820，2011，pp.55-56
50）矢部史郎「東京を離れて」『現代思想』Vol.39，No.7，2011，pp.148-153
51）山本光夫「東北における水産業の復興と沿岸域の環境」『都市問題』Vol.102，No.8，2011，pp.10-14
52）吉原直樹「ポスト3.11におけるコミュニティ再生の方向性」『地域開発』Vol.564，2011，pp.22-27

第9章
漁業・水産業の再生とコモンズとしての漁場

9.1 はじめに

9.1.1 大震災の被害地域

東日本大震災は多数の生命を奪い，家屋を破壊し，地域社会に壊滅的被害[1]をもたらした．政府の緊急災害対策本部が発表した「東北地方太平洋沖地震について」(2011年9月6日)によれば，その「被害状況」は，人的被害(死者15 769名，行方不明4 227名)，建築物被害(全壊114 995戸，半壊160 263戸)，交通遮断(道路・橋梁・鉄道・空港・港湾等の損壊，河川・海岸堤防の全壊・半壊)，ライフラインの途絶(停電，ガス供給停止，断水，通信インフラの破壊)など，人々の生活と産業活動のほとんどすべての領域に及び，ストック(社会資本・住宅・民間企業設備)の毀損額は16兆9千億円に達すると試算されている．とりわけ，東北3県(岩手県，宮城県，福島県)の沿岸部では，地域社会は壊滅的被害を被ったが，大災害の影響は被災地だけにとどまらず，サプライチェーンの分断により日本や世界の製造業の一部が生産活動停止に陥る事態となった．

---

[1] 被害状況の把握は，本論文の執筆時点(2011年10月)でも完璧なものはなく，また，復旧・復興に関しては，日々進展している局面とほとんど動いていない局面などがある．さらに，被災された人々や被災地域が直面している問題は時間の経過とともに変化し続けている．したがって，以下で論ずることは，執筆時点での考察であることを最初にお断りしておく．

この東日本大震災は，被災地域が広範に及んでいること，激甚被害を被った地域が幹線交通網からは奥まった位置にあること，多くの市町村では日常的な行政サービスすら支障をきたしていること，などの点でこれまでの大震災に例を見ないものである．今後の復旧・復興策を論ずる場合，被災地域の災害状況の中身に大きな差が見られるため，被災地に共通する事項と特定地域に固有の事項を整理・検討する必要があり，ここでは被害地域を大まかに三つに分けることとする．

　第1の地域は，被害が地震による被害に限定された地域であり，具体的には，家屋や生産設備が被災した内陸部の地域である．この内陸部の震災被害については，工場の生産ラインがダメージを受け，日本の製造業のサプライチェーンが寸断されたことが大きく取り上げられ，被災地からの部品供給の途絶が日本の多くの産業活動を直撃し，さらに世界経済にも影響を及ぼしたことが特にクローズアップされた．

　第2の地域は，津波による被害を被った沿岸部の地域である．この地域には，漁業集落がほぼ全壊状態となった三陸海岸地域や，津波により住宅・行政機関・工場・農業・漁業などが大きな被害を受けた沿岸平野部の中小都市とその近郊地域が入る．今回の大震災による人的被害の大部分はこの地域で発生している．本稿は主としてこの地域の水産業の再生問題を取り上げる．

　第3の地域は，東京電力福島第一原子力発電所の事故により，地震＋津波＋放射能のトリプル被害を受けている地域である．いまだに原発事故は終息していない．住民は各地に離散を強いられ，避難がいつまで続くのか，いつ故郷に戻れるのか，あるいは戻れないのか，などの点で生活設計が立たない状態を強いられている．さらに，原子力発電所の事故は，周辺地域だけでなく，気象条件や地形，海流などにより現場から遠い内陸部や海洋の広範囲に放射能汚染地域を発生させ，風評被害を含め農業・畜産業・漁業に大きな被害を及ぼしている．

　当然のことながら，以上の3つの地域の内部では細かな地域差があり，また問題の深刻さに濃淡があり，時間の経過とともに対応すべき問題が変化してくるであろう．短期的問題と長期的問題を峻別しつつ両者をリンクさせて問題解決に当たることが求められる．

本稿は，上記の地域区分のうち第2の地域における漁業・水産業を主として扱い，震災前への復帰ではない「再生のシナリオ」を提示し，多くの関係者の間で将来に向かっての検討が行われることを願うものである．

9.1.2 震災からの復旧・復興をめぐって

この大災害を契機として，震災後の日本人としての生き方，科学技術のあるべき姿，経済・社会の目標などを模索する発言が相次ぎ，復旧・復興のプランに関するさまざまな議論が戦わされている[2]．

多くの主張の背景には，これまでの日本の社会経済システムへの反省があるものと思われる．すなわち，これまでは効率を重視し経済性を追求し物質的豊かさを求めるシステムであったが，今回の震災によってこのシステムの問題点が明らかになり，このシステムへの反省，新しいシステムへの模索が始まっている．しかしながら，「どこをどのように変えるのが望ましいのか」「どこは変えられないのか」，という点に踏み込むと，人々の「思い」と利害が絡み，日本全体の方向性についての合意形成には至っていない．

9.2　東日本大震災による漁業・水産業の被害

日本の漁業・水産業は大震災により大きな被害を受けたのであるが[4]，東北地方の沿岸部はまさに壊滅的被害を被ったため，この地域の漁業・水産業の復旧・復興・再生は容易なことではない．本稿は，被災地だけでなく日本の全体の漁業・水産業を視野に入れて，その再生の方向について問題提起を試みるものである．

9.2.1 被災地における漁業・水産業

津波による被害の大きかった地域では，漁業（海面漁業と海面養殖業）を中

---

[2] 例えば，伊藤滋他編『東日本大震災　復興への提言』東京大学出版会，2011.6 [1]，内橋克人編『大震災のなかで―私たちは何をなすべきか』岩波書店，2011.6 [2]，河出書房新社編集部編『思想としての3.11』2011.6 [3] などがいち早く出版され，大震災の関連事項について特集を組んだ雑誌はおびただしい数に上る．

表9.1 被災5県の水産業の基本構造

区分		全国計(A)	被災5県						5県の全国比(B/A)
			青森県	岩手県	宮城県	福島県	茨城県	5県合計(B)	
漁業経営体数	合計	115 196	5 146	5 313	4 006	743	479	15 687	13.6%
	海面漁業	95 550	4 054	2 991	1 640	668	479	9 832	10.3%
	海面養殖業	19 646	1 092	2 322	2 366	75	0	5 855	29.8%
個人経営体数	経営体数	109 451	5 003	5 204	3 860	716	462	15 245	13.9%
漁業就業者数		221 908	11 469	9 948	9 753	1 743	1 551	34 464	15.5%
漁船隻数		185 465	6 843	8 964	8 173	865	620	25 465	13.7%
魚市場年間取扱高(t)		7 195 997	279 246	186 999	469 595	50 295	63 312	1 049 447	14.6%
水産加工場	水産加工場数	10 097	208	178	439	135	247	1 207	12.0%
	従業者数	213 159	7 202	5 314	14 015	2 532	5 181	34 244	16.1%
冷凍・冷蔵工場	冷凍・冷蔵工場数	5 869	157	176	268	111	242	954	16.3%
	従業者数	164 564	6 058	4 940	10 956	2 704	5 017	29 675	18.0%

資料:農林水産省HP『漁業センサス』2008年

心に,水産加工業,冷凍・冷蔵倉庫業,運送業,造船・機械加工業などの関連産業の集積が見られた.表9.1は被災5県(青森県,岩手県,宮城県,福島県,茨城県)における漁業・水産業の基本構造について,『漁業センサス』(2008年)の数値を示したものである.漁業経営体数,漁業就業者数,漁船隻数,水産加工場数,冷凍・冷蔵工場数では,それぞれ全国シェアが12〜18%を占めているが,海面養殖業の経営体が全国シェア約30%と高いことが目につく.また,特定の製品では,この地域の全国シェアは50%を超えるものもある.

重要なポイントは,この地域における漁業・水産業の経営活動はその売上高のレベルを超えた機能を果たしてきたことである.

9.2.2 被災地の漁業・水産業被害

3月11日以降,テレビ報道は津波が沿岸部を襲い,防波堤,漁港施設,家屋などを破壊し,漁船を内陸部まで運ぶ巨大なエネルギーを生々しく伝えてきた.この津波によって,被災地の漁業・水産業はまさに壊滅的被害を受

けた．その被害状況の概要は次のとおりである．
(1) 漁船の被害：

　津波による漁船被害は，北海道から鹿児島まで及び，被災漁船数は25 008隻に及んでいる．**表9.2**は青森県，岩手県，宮城県，福島県，茨城県の5県の漁船被害を示したものである．これによれば，被災漁船数は41 255隻，被害推定額は1 537億円に達している．とりわけ，岩手県と宮城県の被害は深刻であり，両県では漁船のほとんどが流され，壊滅的な被害を受けている．

(2) 漁港・魚市場の被害：

　表9.3は漁港施設の被害状況を示したのである．5県の漁港数は379であ

表9.2　漁船の被害状況

県　名	被災状況および被災漁船隻数	保有漁船隻数	被害割合（対漁船隻数）	報告被害額（百万円）
青森県	620（5t未満526，5t以上94）	10 555	5.9%	11 396
岩手県	壊滅的被害（6市町村からの報告では現在のところ9 673）	14 546	66.5%	23 369
宮城県	壊滅的被害（宮城県の報告では登録漁船13 759のうち12 023が被災：5t未満11 425，5t以上598）	13 773	87.3%	112 900
福島県	873（5t未満712，5t以上161）	1 223	71.4%	6 639
茨城県	488（5t未満460，5t以上28）	1 158	42.1%	4 363

資料：農林水産省HP「平成23年（2011）東北地方太平洋地震の被害状況」（平成23年8月22日）
『漁船統計表』（平成21年12月31日現在）

表9.3　漁港施設の被害状況（平成23年8月22日）

県名	全漁港数	被災漁港数	被害報告額（百万円）
青森県	92	18	4 617
岩手県	111	108	285 963
宮城県	142	142	424 286
福島県	10	10	61 593
茨城県	24	16	43 118
計	379	294	819 577

注：被害報告額は，漁港施設，海岸保全施設，漁業集落環境施設，漁業用施設の各被害額の合計．
資料：農林水産省HP「平成23年（2011）東北地方太平洋地震の被害状況」

表9.4 水産加工施設被害状況

県名	加工場数 （漁業センサス）	主な被災状況	被害額（百万円）
青森県	208	八戸地区で被害 全壊 4，半壊 14，浸水 39	3 564
岩手県	178	大半が施設流出・損壊 全壊 128，半壊 16	39 195
宮城県	439	半数以上が壊滅的被害 全壊 323，半壊 17，浸水 38	108 137
福島県	135	浜通りで被害 全壊 77，半壊 16，浸水 12	6 819
茨城県	247	一部地域で被害 全壊 32，半壊 33，浸水 12	3 109
計	1 207	全壊 564，半壊 96，浸水 117	163 855

資料：農林水産省HP「平成23年(2011)東北地方太平洋地震の被害状況」
（2011年8月22日）

るが，そのうちの294の漁港が被災し，岩手県・宮城県・福島県ではほとんどの漁港が被災し，地震による地盤沈下に見舞われ全壊となった市場は22に上っており，漁港に隣接する市場などを含めた被害総額は8 196億円に達している．

(3) 養殖施設の被害

養殖施設や養殖物も大きな被害を受けた．とりわけ，岩手県のホタテ，カキ，コンブ，ワカメなどの養殖，宮城県のギンザケ，ホタテ，カキ，ホヤ，コンブ，ワカメなどの養殖が壊滅的被害を受けた．

(4) 水産加工事業所の被害

5県には1 207の水産加工施設があったが，**表9.4**はその被災状況を示したものである．沿岸部ではほとんどの施設が被災し，被災の程度は，全壊(564施設)・半壊(96施設)・浸水(117施設)であった．水産加工施設の被災によって水産加工事業が事実上休止状態になったことと，漁港・魚市場が被災したこととをあわせて考えると，深刻な事態が待ち受けている．第1に，仮に漁業生産活動が再開しても，漁港・魚市場・水産加工施設の機能が失われていれば，漁獲物を製品にすることはできない．第2に，漁港・魚市場・水産加工施設で働いていた従業員の仕事がなくなり，地域の重要な雇用の場が失われることとなる．

9.2.3 沿岸地域社会の危機

　被災した沿岸部の地域社会の経済循環を人体に擬すると，漁業者の漁獲物は人体の血液に相当し，この血液を循環させる心臓の役割を果たしているのが魚市場であり，冷凍・冷蔵工場や水産加工工場へ血液が送り込まれ，水産物商品が生産されるのであるが，この血液の循環をバックアップしているのが，製氷工場，造船所，機械加工工場である．そして，運送業者によって血液は生鮮魚類として，あるいは加工製品として消費者に届けられる．つまり，沿岸部の地域社会は，漁業者の漁獲高だけに依存しているのではなく，漁業者の漁獲作業の支援活動，漁獲物の加工・運搬など，多くの関連産業と従事者によって成立しているのである．

　今回の大震災によって漁業者は漁に出ることができなくなり，水揚げする漁港が破壊され，魚市場が機能を停止し，さらに水産関連産業の事業所が被災した．この状況は，水産関連企業の産業連関が断ち切られ，雇用されていた従業員の多くが職を失うことを意味し[3]，地域社会は危機に瀕することとなったのである．

9.3　日本の漁業・水産業をとりまく閉塞状況

　被災地の漁業・水産業の被害状況をどう克服してゆくのかが大きな課題であるが，戦後の日本の漁業生産構造の推移を観察するならば，日本の漁業は閉塞状態に陥っており，漁業の再生策を構想する際には，このことを踏まえる必要がある．

9.3.1　1990年以降の漁業生産の縮小

　現時点の漁業がどのような位置にあるのかを確認するために，**図9.1**によって戦後の日本の漁業生産の推移を見てみることとする．この**図9.1**から，日本の漁業生産を3つの時期に区分して，現在の漁業が抱えている問題点を

---

[3] 例：大震災の地域雇用への影響について現地調査を踏まえて分析したものとして，山本恭逸『東日本大震災による地域雇用への影響』Business Labor Trend，2011.5 [5]）および山本恭逸『東日本大震災と雇用問題』Business Labor Trend，2011.9 [6]）を参照

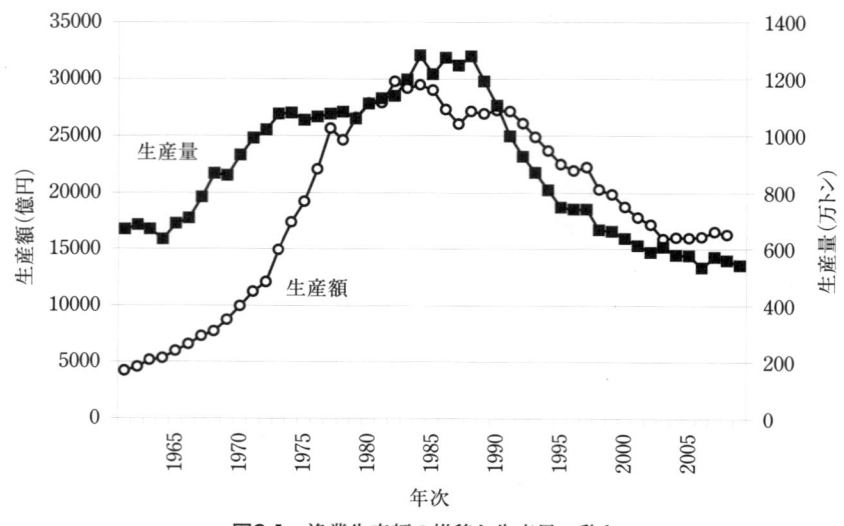

図9.1　漁業生産額の推移と生産量の動き
（出典：『ポケット水産統計 平成22年度版』）

明らかにしたい．

　第1期は，1975年までの漁業生産が拡大していた時期である．この時期の漁業は，戦後の復興期における農村・漁村の過剰人口を吸収し，食料難を克服する重要な役割を果たし，その後の高度経済成長時代には漁業生産量の拡大と生産額の急成長を達成した[7]．この時期の特徴は，「沿岸から沖合へ，沖合から遠洋へ」というスローガンが掲げられ，漁場が外延的に拡大したことである．

　第2期は，1975年から1990年ごろまでの時期であり，漁業生産量・生産額のいずれも高水準を維持・継続していた．この時期の特徴としては，200海里の排他的経済水域を設定する国が増加したことであるが[8]，日本は他国の排他的経済水域で操業を継続し，日本の排他的経済水域内ではマイワシの豊漁により高水準の生産量を維持していたことが指摘されている．

　第3期は，1990年前後から現在までの約20年間であり，これまでの高水準の生産を維持することができなくなり，生産量と生産額の縮小傾向が継続した時期である[9]．日本は1996年7月に国連海洋法条約を批准した．この

海洋法は，排他的経済水域における水域，海底，地下の天然資源について沿岸国の権利行使を認め，資源枯渇を防止する義務を履行することを求めている．こうして，世界の国々の間では，海の資源は無尽蔵ではなく持続可能な形で水産資源を管理する必要があるとの認識が広まり，日本は他国の200海里内での操業から事実上締め出され，操業海域が狭まった．

この第3期における漁業生産量の減少要因としては，世界的に漁業資源の枯渇が問題となり，漁業資源管理の取り組みが厳格化するなかで，日本は自国の200海里内の水産資源管理の不十分さにより資源を枯渇させていることが指摘されている[10]．

以上のように，震災直前の日本漁業は縮小再生産の渦中にあったのである．

9.3.2 漁業経営体の減少と漁業就業者の高齢化

第3期における漁業生産の縮小傾向と漁業経営体の動向との関係は，一方が他方を規定する関係ではなく，おそらく双方が作用し合う関係にあると思われる．ここでは『漁業センサス』に基づいて，1993年から2008年までの15年間の漁業生産構造の基本的事項についての変化を見てみる．

表9.5は「漁業経営体数」「最盛期の海上作業者数」「動力漁船隻数」の3項目について「沿岸漁業」「中小漁業」「大規模漁業」の3つの漁業種類別に示したものである．15年間の変化を見ると，漁業経営体数は67.2%，最盛時の海上作業者数は52.8%，動力漁船隻数は67.6%に縮小している．最盛時の海上作業者数の落ち込みが特に大きくなっている．漁業種類別に見ると，大規模漁業の縮小が顕著であり，中小漁業と沿岸漁業はほぼ同じ比率で縮小している．ただ，沿岸漁業の中では養殖業の経営体数および最盛時の海上作業者数の減少幅が大きいことに注意する必要がある．

表9.6は漁業就業者数の推移と年齢構成を示したものである．漁業就業者数は1998年から2010年までの期間に73%にまで減少し，高齢化が進行している．全就業者に占める65歳以上層の比率が1998年には27%であったのが，2010年には35%に達している．同じ**表9.6**に全産業の就業者の年齢階層比率を参考に示した．日本の産業全体で就業者が高齢化していると指摘されているが，漁業就業者の高齢化は著しく，15－40歳の年齢層の比率の

表9.5　日本の漁業生産の基本構造

区分		実数				15年間の変化率
		1993年	1998年	2003年	2008年	
経営体数	合計	171 524	150 586	132 417	115 196	67.2%
	沿岸漁業	162 795	142 678	125 434	109 022	70.0%
	漁船漁業	129 839	115 072	102 367	89 376	68.8%
	養殖業	32 956	27 606	23 067	19 646	59.6%
	中小漁業	8 551	7 769	6 872	6 103	71.4%
	大規模漁業	178	139	111	71	39.9%
最盛期海上作業者（人）	合計	410 909	348 794	297 752	217 107	52.8%
	沿岸漁業	326 095	280 034	237 818	172 267	52.8%
	漁船漁業	223 164	192 612	168 175	119 163	53.4%
	養殖業	102 931	87 422	69 643	53 104	51.6%
	中小漁業	66 727	56 499	48 688	37 774	56.6%
	大規模漁業	18 087	12 261	11 246	7 066	39.1%
動力船隻数	合計	146 584	130 535	114 925	99 062	67.6%
	沿岸漁業	128 671	114 261	100 585	85 823	66.7%
	漁船漁業	98 907	87 571	77 650	66 294	67.0%
	養殖業	29 764	26 690	22 935	19 529	65.6%
	中小漁業	16 806	15 386	13 707	12 762	75.9%
	大規模漁業	1 107	888	633	477	43.1%

資料：農林水産省『漁業センサス』

表9.6　漁業就業者数の変化と年齢構成

漁業就業者数（人）		1998年		2003年		2008年		2010年		参考（労働力調査）2010年 全産業男子計（万人）	
					構成比		構成比		構成比		構成比
総数		277 040		238 370		221 910		202 880			
男子計		230 600	100.0%	199 160	100.0%	187 820	100.0%	172 890	100.0%	3 615	100.0%
年齢階層	15-24歳	6 970	3.0%	6 510	3.3%	6 370	3.4%	5 580	3.2%	249	6.9%
	25-39歳	32 040	13.9%	25 120	12.6%	26 300	14.0%	24 160	14.0%	1 167	32.3%
	40-59歳	94 210	40.9%	76	38.3%	69 220	36.9%	58 640	33.9%	1 508	41.7%
	60歳以上	97 390	42.2%	91 280	45.8%	85 940	45.8%	84 520	48.9%	690	9.7%
	うち65歳以上	63 180	27.4%	76 270	33.8%	63 220	337.0%	60 900	35.2%		

資料：『漁業センサス』『平成22年漁業就業動向調査報告書』『平成22年労働力調査』

低さが際立っている．

このように，日本の漁業就業者の年齢構成は顕著な高齢化と若年層不足となっており，図9.1に示した長期にわたる漁業生産の縮小傾向と考え合わせると，漁業の存続にかかわる重大な事態が進行していると考えねばならない．そして，日本漁業の再生に取り組むことが喫緊の課題となっている．

9.3.3　漁業生産縮小の要因と打開策の模索

漁業の縮小傾向の要因としてこれまでに指摘されてきたことを次の3点に集約することが可能であろう．第1は，漁業資源量と漁獲効率との悪循環である．資源量が少なくなると漁獲効率を高め，それが乱獲となり資源量を枯渇させるという悪循環である[11),12)]．第2は，漁業生産者と消費者との間で情報交換が十分に行われていないことである．漁業者の最大の関心事は漁場で漁獲量を増やし，それが魚市場で高く売れることである．しかし，自分たちの獲ってきた魚の流通経路や価格形成，最終消費のされ方などにはほとんど関心がない．漁業生産者は消費者の動向に無関心なのである．販売促進によって顧客のニーズを知り，それに対応する生産に心がける姿勢がほとんど見られない．第3に，その結果，漁業者の所得水準が改善されないことである．所得水準の低迷は漁業就業者の減少や後継者不足を招き，漁業の縮小傾向から脱却するような新たな試みに取り組む活力が生まれにくい状況となる．

これらの諸点は，漁業生産者側の内部事情に注目したものであるが，水産物の需要動向に注目する必要がある．ここ15年ほどの期間に水産物への最終消費は減少し続けており，「魚ばなれ」といわれる現象が広まっている．この点を『食料需給表』で見てみよう．表9.7は1960年から2010年までの期間の需給の状況を「魚介類」のみに限定して5年刻みで示したものである．

この表から4つの点を指摘することが可能であろう．第1は，魚介類の消費は1995年をピークにほぼ毎年縮小し，2010年にはピーク時の約75％に落ち込んでいることである．第2に，魚介類の消費低迷は，消費者の肉類（鶏肉，豚肉，牛肉）拡大と関係している．ただし，参考に示した「肉類」の消費量はこれまで順調に伸びてきたが，最近は伸びが止まっていることに注目する必要がある．第3に，1995年のピーク時に，国内生産量と輸入量がほぼ同量

表9.7 魚介類の需給動向

単位：千トン

	区分	1960	1965	1970	1975	1980	1985	1990	1995	2000	2005	2010
魚介類	国内生産量	5 803	6 502	8 794	9 918	10 425	11 461	10 278	6 768	5 736	5 152	4 749
	輸入量	100	655	750	1 088	1 689	2 257	3 823	6 755	5 883	5 782	4 841
	国内消費食料	5 383	6 577	8 925	10 016	10 734	12 263	13 028	11 906	10 812	10 201	8 869
	供給粗食料	4 400	5 048	6 356	7 549	7 666	8 416	8 798	8 921	8 529	7 861	6 812
	供給純食料	2 569	2 761	3 493	3 910	4 070	4 275	4 636	4 933	4 717	4 426	3 794
	国民年間1人当り供給純食料（kg）	27.8	28.1	31.6	34.9	34.8	35.1	37.5	39.3	37.2	34.6	29.6
	国民1人1日当り供給純食料（g）	76.1	77.0	86.5	95.1	95.3	96.8	102.8	107.3	101.8	94.9	81.2
肉類	国民1人1日当り供給純食料（g）	14.2	25.2	36.6	48.8	61.6	62.9	71.2	77.8	78.8	78.0	79.8

＊2010年は概数
資料：農林水産省『食料需給表』

となったが，その後もこの比率が維持されていることである．第4に，国内の魚介類の生産がピークになる1985年前後から，乱獲によると思われる国内生産の減少が続き，その穴埋めを輸入で補填したことである．**表9.7**には示されていないが，もう1つ重要なポイントがある．それは世界的に魚の消費量が増加し続けていることである[13]．したがって，漁業生産の縮小が消費者の「魚ばなれ」によるとすることはできない．

日本の各地には地道な努力によって成果を上げている漁業者がいることを承知しているが，すでに述べたごとく日本漁業全体は縮小傾向をたどっている．にもかかわらず，その原因は何か，どのような対策を講じればよいのか，などの点で明確な方向が出されていない．

では，どう考えればいいのか．ここで少し大胆な議論を提示することとする．民間の企業では，売上が低下し続ける場合には，経営者は経営全般を見直し，販路を点検し，売上低下の原因究明とそれへの対策を検討し，それを実行するはずである．この経営鉄則を日本の漁業に当てはめて，日本の漁業生産全体が1つの経営体（日本漁業会社）によって行われているというフィクションで現状を描写してみる．

この日本漁業会社の経営陣は，実際の漁業経営者，漁業団体，水産関係官

庁などで構成される取締役である．この日本漁業会社の売上は15年間低下し続けている．当然のことながら，経営陣は売上が低下しつづける原因を徹底的に調べ，それへの対策を考え，手を打ってきたはずである．しかし，売上低下は止まらない．経営陣は本当に売上低下の原因を調べ，対策を講じたのか疑いたくなる．

　第一歩として，この日本漁業会社の経営努力を検証することが必要と思われる．そのうえで，この15年間，国内の漁業関係者はどれだけ水産資源の維持に努め，国内生産のレベルを低下させずに，新たな販路と新たな商品開発による市場拡大の試みを行ってきたのかを点検し，深刻に反省する必要があるのではないかと思われる．

　何もしなければ衰退してゆくことになりそうなので，とにかく何かに着手する必要があると考え，以下ではいくつかの提案を行う．議論のための議論ではなく，多少乱暴な議論ではあるが一歩でも先に進むために，あえて問題提起を行うこととする．

9.4　漁業・水産業の再生とコモンズとしての漁場

　漁業・水産業は海の水産資源を活用することによって成立している．しかし，海は水産資源を漁獲する漁業だけでなく，ほかにもさまざまな方法で活用され，まさに重層的に利用されてきたコモンズ[4]という性格を有している．そして，今後はコモンズとしての海をどのように活用するのかが世界の共通の関心事となるであろう．本稿はコモンズ論そのものを論ずるわけではなく，今回の震災被害からの再生問題を海の水産資源の活用の問題と関連させて論ずることとする．

9.4.1　漁業・水産業の再建問題の根本

　今回の大震災による被害から地域社会を復旧・復興させるためには，地域

---

[4] コモンズ論については，室田武・三俣学『入会林野とコモンズ』日本評論社，2004 [14]，井上真『コモンズ論の挑戦』新曜社，2008 [15]，秋道智彌『コモンズの地球史』岩波書店，2010 [16]，などを参照．

全体の活力をベースにした地域住民自身が描く復旧・復興のビジョンが不可欠であることはいうまでもないことである．そのビジョンを練り上げる際に重要なポイントは，震災前の原形復帰ではなく，将来の人口減少と高齢化をにらんだ新しい形の地域づくりだと思われる．そして，再生に向けた歩みを進めるためには，漁業であれ水産加工業であれ，事業の再建に向けた最初の一歩を踏み出すことが出発点となる．家族を亡くした人，住む家を流された人，船や漁具を流された人，などさまざまな被害を受けた人々に，「事業の再出発に立ち上がれ」ということは酷なことではある．そのことを承知の上であえて発言すれば，「自力で立ち上がる気力を持ち，どんなに小さなことでもいいからいま事業再建に向けた行動を起こすこと」が求められていると思う．

　2011年9月初旬の段階（地震発生から約半年後）での著者の現地での聞き取り調査から類推すると，漁業者・水産加工業者のうち「自己流でとにかく稼働に向けた取り組みを開始した者」が多く見積もって約2割，「廃業と決めた者」が約2割，「補助金などがどうなるのかの模様眺めの者」が6割という分布になるのではないかと思う．あえて極論すれば，将来の再建に向けた取り組みを行う場合に，この「模様眺め」の人々が実は厄介な存在であり，地域の再生にプラスではなくむしろブレーキとなる可能性が大きい．スタートを切ったパイオニアの方々には，この「模様眺め」の人々がブレーキにならないような工夫や仕掛けを用意することが求められる．当面の期間のキーワードは，競争ではなく協働ではないかと思う．具体的な方法は地域の事情によって異なるであろう．地域の知恵が試されている．

　次に，取り組みの方向性について問題提起する．論点は2つあり，1つは水産物の流通にかかわる提案であり，もう1つは被災地の漁業者への漁業者による支援に関する提案である．

9.4.2　水産物の生産者と消費者とを結びつける試み

　漁業・水産業の再生を考える場合，これまでの水産物の流通について再検討する必要がある．現状の水産物流通のメインは，卸売市場の仲卸人と量販店との間での「安定的仕入れ」であり，その契約条件は，量販店へ「定時（きめ

られた期日)」に「定質(決められた質)」のものを「定量(きめられた数量)」でそろえ「定価(決められた価格)」で納入することである[17].しかし,この方式はいくつかの問題を抱えており,今後もこの方式を継続することに問題はないのか点検する必要がある.

いくつかの問題とは,第1に,「定時」「定質」「定量」「定価」による納入方式は魚介類が工業製品と同じように生産されることを前提として,「定質」「定量」を要求するのであるが,この「定質」「定量」という考え方は漁獲が安定的であることを基本としている.しかし,漁獲は不安定であり,安定的に漁獲物を「定質」「定量」供給を行うことが,自然資源を浪費していることに注目せざるをえなくなる.

第2に,「定価」は絶えず「安価」に向かい,生産者も流通業者も「安値競争」の消耗戦によって疲弊し,結果として誰の得にもならないのではないか,理想としては,努力が報われる価格体系を構築することであるが,なるべくそれに近づく試みをこれまで行ってきたのか,を点検する必要がある.

第3に,国際的な漁業資源の争奪戦がすでに始まっており,海外からの水産物調達は逓減してゆくものと思われる.そのような状況の中で,定時・定量・定質・定価を基準とした規格品取引方式に固執することは海外市場で「買い負ける」可能性が高くなることが指摘されている.

第4に,消費者の嗜好の変化に対応することが求められることである.主要な流通組織が無視してきた小規模単位の差別化された商品への需要やこれまで廃棄の対象となっていた非規格商品に対する需要を発掘することが求められる.また,食の生産者と消費者を結ぶ多様なチャンネルを用意し,食の生産者への敬意と理解を深める試みに取り組む必要があるのではないか.

今回の被災地における漁業を再生するためには,これまでの生産・流通・資源管理などのあり方を根本的に検討し,地元で獲れる資源を活用しそれぞれの地域の特色を最大限活用する形の漁業を複数の選択肢の一つとして選択することが考えられる.

9.4.3 コモンズとしての海の資源の活用に向けて

漁業・水産業の再生に向けた取り組みに関する第2のポイントは,被災地

への支援策と今後の漁業のあり方についての提案である．すでに述べたように，日本漁業の縮小傾向は止まらず，その原因の一つは先に想定した「日本漁業会社」が適切な対策を講じてこなかったことと考えられる．対策を講ずべき対象は「漁業資源の乱獲」であろう．

　海からの水産資源は「無主物の先占」という原則の下で，一定の規制の範囲内で漁業者の競争により漁獲物となる．今回の大震災は，この漁業者の競争条件を激変させた．被災した漁業者は実質的に漁獲競争に参加できなくなっただけでなく，日常の生活を営むことすら困難を伴う事態となった．この状況への対策の根本は，被災漁業者が生産活動を再開できるようにすることであるが，その第1歩として，被災地の漁業者と非被災地の漁業者との間の漁獲の配分について若干の提案を行う．細部まで検討したわけではない素案の段階であるが，今後の漁業資源管理につながることでもあり，関係者の間での試行と検討を期待している．

　提案は以下の諸点である．①日本の水産業関係者を「被災者」と「非被災者」に分ける．②「被災者」および「非被災者」は漁協単位と船単位とする．③「非被災者」は2011年度および2012年度の2か年にわたり，自分の漁業収入の一定割合を「被災者」に譲渡し，「被災者」を支援する．④計算式の基本は，「被災者」および「非被災者」の過去3年間の漁獲高を確定し，これに基づいて2011年度および2012年度の予想漁獲高を推定する．⑤「非被災者」の実際の漁獲高が予想漁獲高を上回った部分を「被災者」に回す．⑥「被災者」が受け取った資金をどのように活用するかは自由であるが，会計報告を公表する．

　このようにして，「非被災漁協」は「被災漁協」を，「非被災船」は「被災船」を支援することを提案したい．この仕組みを詳細に検討してから実施するのではなく，いわば航空写真に基づく線引きを行い，細部は実施後に調整する方式を採用すべきであろう．この仕組みの実施過程で，再生可能な水産資源の管理・維持に関する意識の深まり，資源管理の本格的制度設計へと前進することを期待している[5]．

《参考資料》

1) 伊藤滋・奥野正寛・大西隆・花崎正晴編『東日本大震災　復興への提言―持続可能な経済社会の構築』東京大学出版会，2011
2) 内橋克人編『大震災のなかで―私たちは何をなすべきか』岩波書店，2011
3) 河出書房新社編集部編『思想としての3.11』河出書房新社，2011
4) 農林水産省HP「東日本大震災について」
5) 山本恭逸「東日本大震災による地域雇用への影響」『Business Labor Trend』(2011年5月号)，2011，pp.2-5
6) 山本恭逸「東日本大震災と雇用問題」『Business Labor Trend』(2011年9月号)，2011，pp.6-10
7) 平沢豊『日本水産読本』東洋経済新報社，1973
8) 黒倉寿「我が国の漁業の歴史と国際状況」，寶多康弘・馬奈木俊介『資源経済学への招待』ミネルヴァ書房，2010，pp.21-28
9) 加瀬和俊『わが国水産業の再編と新たな役割』農林統計協会，2006
10) 倉田亨『日本の水産業を考える』成山堂，2006
11) 山下東子『魚の経済学―市場メカニズムの活用で資源を護る』日本評論社，2009
12) 勝川俊雄『日本の魚は大丈夫か―漁業は三陸から生まれ変わる』NHK出版，2011
13) 水産庁編『水産白書　平成23年版』農林統計協会，2011
14) 室田武・三俣学『入会林野とコモンズ』日本評論社，2004
15) 井上真『コモンズ論の挑戦』新曜社，2008
16) 秋道智彌『コモンズの地球史』岩波書店，2010
17) 藤本宗一『生鮮水産物の取引行動分析』成山堂，2011

---

[5] TAC（総漁獲可能量）制度を充実させ，さらにIQ（個別漁獲枠）配分へと進むことへの直接的契機となるものと思う．TAC制度およびIQについては，勝川俊雄『日本の魚は大丈夫か―漁業は三陸から生まれ変わる』NHK出版，2011を参照

第10章
サプライチェーンの復旧から復興へ

10.1　はじめに

　東日本大震災の被災地で就業の場の確保が急務となっている．特に津波の被害が大きかった沿岸部では，農林水産業の再生が重要であるが思ったように進んでいない．本章では農林水産業の中の漁業を取り上げ，流通業，製造業に比べ再生が遅れている理由，今後必要となる対応などについて考察したい．

　その際，各企業が他の企業に支えられ生産活動を行っているというサプライチェーンの観点からの検討を行いたい．各企業は川上企業から原材料が調達できなければ生産はできないし，川下企業により製品化され，商品として消費者に届けるチャネルが確立していなければ生産を行うことができない．ある地域に存在する生産活動の復旧は，短期的には当該生産活動を含むサプライチェーン全体の復旧と相互依存関係にある．

　以下，漁業のサプライチェーンの再生方策を検討するために，まず，震災によって流通，製造業のサプライチェーンがどのように寸断され，復旧されたかを見ていきたい．

10.2　流通サプライチェーンの復旧

　流通業のうち，大手の卸売業，小売業は，震災後1か月でほぼ全店が営業再開できている．被災地内にあった物流センターは大きく被災したが，関西を含め被災地外の物流センターで機能を代替させ，ロジスティクス・ネットワークを復旧できた．例えば，イオンは東北センター，関東センターが被災したが，震災直後に中部センター，関西センターから東北各店に商品を供給する体制に移行した．その後，3月中に関東センター，4月中に東北センターが復旧し，震災前の体制に戻っている（**図10.1**）．

　イオンは震災直後に調達が難しかった商品を広域から，場合によって海外から調達している．牛乳についても関東へは九州のプライベート・ブランド製品（PB製品）を，東北へは北海道のPB製品を配送した．また，中国からトイレット・ペーパー，フランス・韓国・カナダからミネラル・ウォーターを緊急輸入した[6]．

　基本的に小売店舗の店頭に並んでいる商品には代替性がある．消費者は非

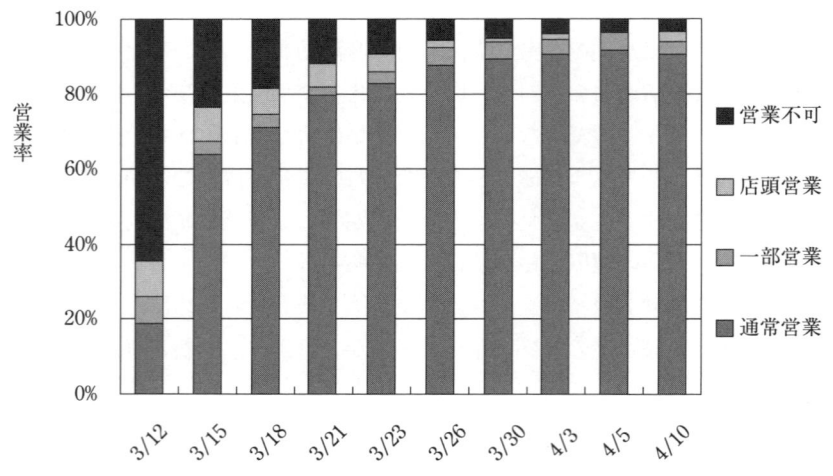

図10.1　イオングループ（449店舗）の営業回復状況
　　　　（出典：イオン資料「震災後1ヵ月の現況報告（4月12日）」）

常時には特定のブランドの商品がなくても，他のブランドの商品で間に合わせてしまう．大手の流通業者にしても，潜在的に取引開始を希望する製造業者は多いので，被災企業が生産していた商品の代替品を調達するのは難しくはない．かなり以前から各商品のライフサイクルは短くなっており，流通業者は商品の入れ替えを頻繁に行ってきているので対応は慣れている．これらの理由により，大手流通業は震災後1か月で復旧することができた．復旧が早かった大手流通業が復興需要の恩恵を受けたのは言うまでもない．

なお，被災地外からの支援を受けにくかった地場卸，一般小売店舗の復旧は大幅に遅れた．被災地外の大手製造業者，大手卸売も大手小売業者への商品供給を優先せざるをえなかったと思われる．東北では古くからある商店街のシャッター街化が進行しつつあったが，今回の震災がその動きを加速した．地場卸，一般小売店舗には生き残りのために，地場産品のブランド化，大手流通業者とは違う独自の調達先の確保などの工夫が求められる．地方自治体もまちづくりの観点から地場流通業の存続を望むなら，その地域経済への貢献度を評価し支援していくことが求められている．

10.3　自動車サプライチェーンの復旧

製造業では自動車サプライチェーンが衆目を集めた．車載電子部品などを供給していた二次，三次部品メーカーが被災し，日本だけではなく世界の組立メーカーの生産が止まった．各組立メーカーは一次部品を分散発注していたのだが，二次，三次部品段階で調達先が特定企業に集中していた．これら代替がききにくい部品の生産では，当該工場の再開が不可欠であり，各組立メーカーは応援要員を派遣して復旧に努めた．その結果，おおむね6か月後に震災前の生産水準に戻ることができている．

歴史的に組立メーカーは東海・関東地域などに本社工場を構え，域内から部品を調達するサプライチェーンを構築していた．しかし，70年代以降，自動車の生産に必要な部品を日本から輸出し，アジア途上国での生産を開始した．輸入車に高い関税が課されていたため市場規模が小さくても，それぞれの国に工場を設置せざるをえなかった．80年代以降，円高，貿易摩擦の

緩和のために，アメリカなど先進国でも生産を開始している[5]．

なお，現在ではFTA（自由貿易協定）・EPA（経済連携協定）の進展により完成車，部品とも関税が下がり，生産拠点の集約化が進みつつある．例えば，タイ・バンコク，中国・広州などでは組立メーカー，部品メーカーの集積が進み，ほとんどの部品を進出国，あるいは隣接国から調達できるようになってきた（アジア，北米では域内から調達できる部品の割合は8割から9割）．

90年代以降，国内工場が見直され，九州・東北地域で自動車工場が新設された．これは，拡大する世界販売に海外工場の生産能力拡大が追いつかなかったことがきっかけとなっているが，東海・関東地域への工場集中による災害リスクを分散するため，さらに，労働力を確保し生産効率の高い工場（海外進出の際にモデルとなるマザー工場）を新設するためでもあった．産学官のバックアップもあり，九州・東北地域でも徐々に部品メーカーの集積が進み（とはいっても域内調達率は5割程度か），中には欧米系組立メーカーへ車載電子部品を供給する部品メーカーも現れていたところである．

震災後に，ピラミッド型になっていると思われていたサプライチェーンが（図10.2），実際は下のほうが窄まった樽型（あるいはダイヤモンド型）であることがわかった（図10.3）．二次，三次部品メーカーの企業数は多い．しかし，特定の部品は生産において規模の経済が働き運賃負担力も高いため，集中的に生産されていたのである．しかもその中に代替生産が難しい（代替

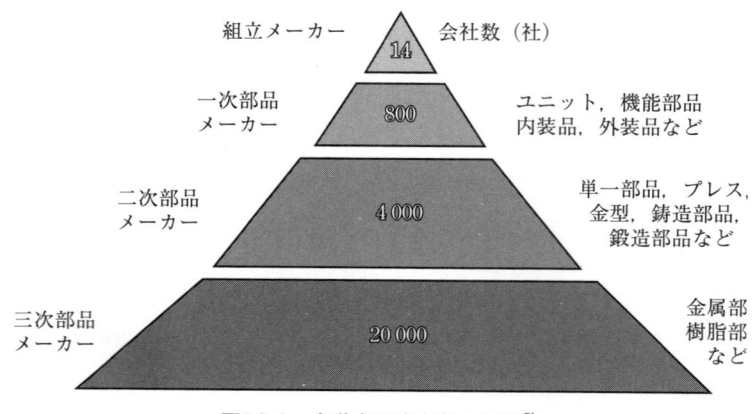

図10.2　自動車関連産業の組織[7]

組立メーカー	14	
一次部品メーカー	800	ユニット，機能部品　内装品，外装品など
二次部品メーカー	4 000	単一部品，プレス，金型，鋳造部品，鍛造部品など
三次部品メーカー	20 000	金属部　樹脂部　など

10.3 自動車サプライチェーンの復旧

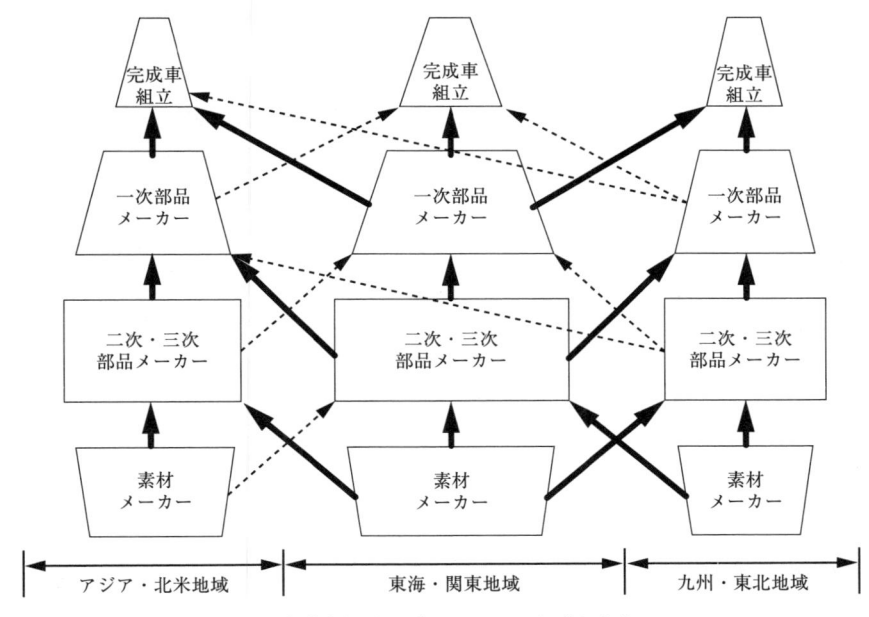

図10.3 自動車部品のグローバル・サプライチェーン

生産が可能であっても生産開始まで数か月を要してしまう)部品が数多く含まれていた．

その典型的な例が，車載半導体を生産していたルネサス・エレクトロニクスである．同社は激しい国際競争の中で生き残るため，三菱，日立，NECの半導体部門が合併して誕生した企業で，自動車のエンジンなどを制御する車載半導体では世界シェア3割を誇っている．同社の那珂工場が大きく被災し，その影響が世界に及んだわけであるが，組立メーカーなどは1日当たり最大2500人の応援要員を手弁当で派遣し復旧を支援した．その結果，当初の予定より数か月前倒しで復旧することができた．

組立メーカーの今後の対策として，地理的に分散した複数の部品メーカーからの部品調達が提案されている．これによって，ある部品メーカーの工場が被災しても，その分を別の部品メーカーから調達することができる．また，組立メーカー，部品メーカーは，自社の事業継続計画の中で非常時に部品を他の工場で代替生産できる仕組みを考え，訓練をしておくことが有効である．

今回の大震災後もうまく機能したが，車載電子部品に関してはアジアの生産受託工場で代替生産が可能な場合がある．それら工場との間で，緊急時に生産委託できるような契約を取り交わし，短期間で生産に必要な情報を共有できるよう生産情報システムを標準化しておくことが重要である．

　自動車産業では復旧まで6か月を要した．しかし，見方によっては6か月で済んだとも考えられるのではないだろうか．例えば，トヨタ自動車などでは2011年後半で増産体制を敷き，年度内では平年並みの生産台数を確保するに至っている．震災直後はサプライチェーンの寸断の問題が大きく取り上げられたが，当初考えられたより軽微な影響にとどまったかもしれない（特に，その後の円高の影響に比べれば）．今後の事業継続計画の策定にあっては，6か月という期間をさらに短くする対策に関し，その費用対効果を検討することが必要であろう．

10.4　漁業サプライチェーンの復旧

10.4.1　漁業サプライチェーンの被災

　今回の震災で漁業も大きな被害を受けた．2万隻以上の漁船が被災し，養殖施設も大きく損傷した．農林水産省は被害額を1兆2千億円以上と見積もっている（**表10.1**）．漁業は，川上では造船・修理業者，養殖用飼料業者などと，

表10.1　水産関係の被害

	被害数	被害額（億円）
漁船[*1]	21 589 隻	1 609
養殖施設・養殖物[*2]	―	1 312
漁港施設[*4]	319 漁港	8 220
共同利用施設[*3*4]	1 625 施設	1 228
合計	―	12 379

*1 宮城県では登録漁船数 13 570 のうち 12 023 が被災
*2 宮城県ではギンザケ，ホタテ，カキ，ホヤ，コンブ，ワカメなど
*3 産地市場施設，荷捌き所，共同作業場，製氷・冷凍冷蔵施設など
*4 漁港施設，共同利用施設には国，県から手厚い補助金
*5 その他に水産加工施設 1 600 億円以上（一部共同利用施設と重複あり）
出典：農林水産省 2011.8.9 発表資料

川下では産地仲買，水産加工業者，仲卸業者，小売業者，あるいは地元の飲食・宿泊業者と取引を行うサプライチェーンを形成しているが，このサプライチェーンを構成している企業の内，消費地に所在する仲卸業者，小売業者以外は，産地市場周辺に立地している中小企業で，その多くが被災した．

サプライチェーン構成企業の中で被災した企業の割合が高いこと，さらにそれら企業は近年の漁獲高の減少により財務基盤が弱いことなどから，域内の企業同士で支援する余裕はない．新たな借り入れで二重ローン問題を抱える企業に他企業を支援する余裕はない．したがって，ことのほか外部からの支援が重要である．

また，これまで漁業は漁港，荷捌き場，市場施設の整備にあって，手厚い公的支援（特に国の補助金）を受けてきている．過去，数十年かけて蓄積してきたそれら漁業関連施設が損傷したわけである．なお，水産関係の被害額のうち，漁船，養殖施設などの民間施設の被害は3割弱で，残りは漁港などの公的施設が占めている．

国と地方の財政状況が厳しいなかで，それら施設を短期間で震災前の状態に戻すのは容易ではない．地方自治体が整備の優先順位を早急に定め，民間が安心して投資できる条件を整備する必要がある．その意味で，宮城県が被災した多くの漁港の中から塩釜，石巻，女川，志津川の4漁港を選び，優先整備するとした方針は評価できる．

10.4.2　民間活力による養殖業の振興

以下，宮城県をケースとして漁業サプライチェーン再生の方策を考えてみたい．

宮城県の2005年度の漁業県内生産額は830億円である．なお，ピーク時（1985年度）の生産額は1200億円であった．830億円の内訳は遠洋漁業が3割，沖合・沿岸漁業が3.5割，養殖業が3.5割である．遠洋漁業は国際的な漁業規制の強化，資源の減少により，生産額が急減している．沖合・沿岸漁業も資源の減少により厳しい経営を余儀なくされている．それに対し，養殖業の生産額は増加傾向にあり，多くの養殖魚種の業績が伸びている．そのため県も今後の重点プロジェクトとして養殖業の振興を図ることとしている[2]．

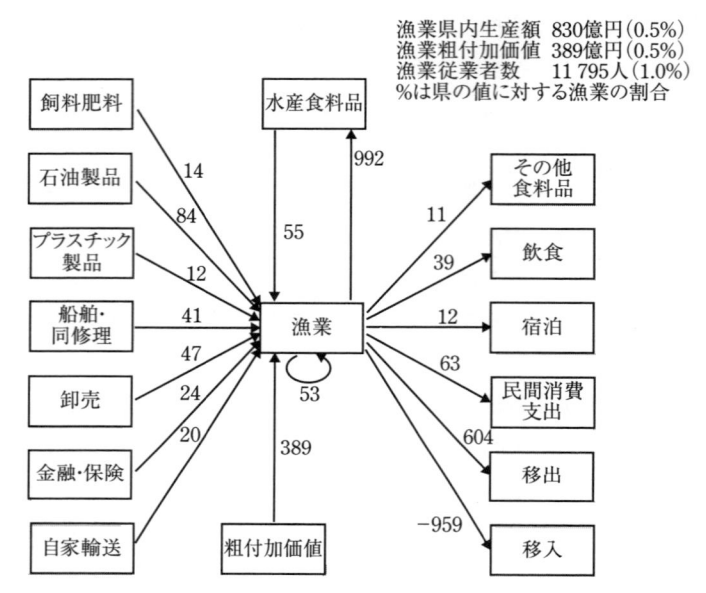

漁業県内生産額　830億円(0.5%)
漁業粗付加価値　389億円(0.5%)
漁業従業者数　11 795人(1.0%)
%は県の値に対する漁業の割合

図10.4 宮城県漁業関連取引関係（2005年産業連関表より作成）[1]

　宮城県産業連関表によると，漁業生産額830億円に対し移出額は604億円である（**図10.4**）．全国の流通ルートにのる魚種が水揚げされていることがわかる．地産地消拡大の努力を惜しむべきではないが，これまで全国への流通を前提にサプライチェーンが形成されてきており，目標としては全国規模のサプライチェーン再生を目指す必要がある．

　なお，サプライチェーンの再生には被災地外の企業と連携する仕組みをつくり出す必要がある．例えば，同県内ではホタテ，カキ，ホヤ，ワカメ，ギンザケなどが養殖されている．すでに一定のブランドを確立しているが，さらに商品性の高い魚種の導入，水産加工品の開発などに努めていくことが求められている．このようなケースでは大手流通業者，商社，電子商取引仲介事業者，宅配事業者などの支援を受け，場合によって株式会社形態で生産性の高い養殖業を始めることが考えられる．

　その意味で，宮城県が提唱している民間資本を導入する水産業復興特区への期待は大きい．漁港の集約化，民間資本の導入，さらに漁業権の開放によ

り，漁協組織と会社組織の競争が促進されれば漁業の構造改善が図れるはずである．現在，漁業権は無償で付与されているが，将来的には一定の資格を備えた者に対して，政府が入札を行って使用料を取って付与することが考えられる[4]．漁場は資源をうまく管理し生産性の高い漁業を営める者に使ってもらうべきであろう．漁業を若い担い手が魅力を感じる産業に変えていかなければならない．

10.4.3　水産加工業の再集積

宮城県には気仙沼，石巻，塩釜などに多くの水産加工業者が立地していた．主な業種は冷凍食品(2007年度911億円)，練り製品(同481億円)，冷凍水産物(同318億円)，その他食用加工品：塩蔵品・干物など(同1 206億円)である．この内，冷凍食品とは地元産のサバ，サメ，輸入物のタラ，カレイを原料とした刺身，フライなどの冷凍調理加工品である．練り製品には全国ブランドである笹かまぼこ，揚げかまぼこが含まれる．また，冷凍水産物は加工の程度が低い製品で，地元産のサンマ，カツオ，サバなどを丸，フィレーの形態で冷凍したものを指す．

産業連関表からわかるように，水産食料品は県内総生産額830億円の漁業から992億円の原材料を購入している．この不足分を補っているのが域外からの移入(輸入を含む)959億円である．ちなみに，練り製品に関しては，北洋漁業衰退後はアメリカ，東南アジアからすり身原料を調達するようになっている．

宮城県は水産加工基地として関連業者の集積が進み，その集積がメリットを生み，さらに集積が促される発展を遂げてきたといえる(集積の経済)．特に重要なのは，水産加工業者の集積による大きな買い付け能力が魚市場の水揚げを増やし，水揚げ増加により業者の新規立地が促された相互作用であろう[3]．

しかし，近年は資源制約から水揚げが減少してきていた．さらに，追い打ちをかけるように，今回の震災で水産加工業者の多くが被災した．集積が消えた現在，各企業が県内での工場再建にこだわるか，否かが問われている．特に，原料を輸入し，製品を域外に移出していた業者は同県に再建しなけれ

ばならない理由はない.

　宮城県,地方自治体は集積の復活,すなわち気仙沼,石巻,塩釜など漁業基地を起点としたサプライチェーンの再生を目指している.そのためには,宮城県に立地するメリットを改めて強調する必要がある.例えば,あえて原料は地元産の魚種,養殖水産物を使うこと,新しい加工技術を開発することなどを通じてブランド価値を定義し直すことが考えられる.ブランド価値が高まれば,上で述べた養殖業のケースと同じようにマーケティングのノウハウを持つ大手流通業者などの支援が期待できるのではないだろうか.宮城県においては水産加工業の再生なくして漁業サプライチェーンの再生はなしえない.

10.5　おわりに

　流通業,自動車産業を検討してわかることは,サプライチェーンの復旧には被災地外からの支援が重要であるということである.被災地外企業が支援を行う理由は,サプライチェーンを復旧することが自らの生産活動に有利,あるいは不可欠だからである.大手流通業と取引を開始したい製造業者は積極的にロジスティクス・ネットワークの復旧に協力するであろう.また,自動車サプライチェーンを構成するすべての企業は,特定の部品が調達できなければサプライチェーン全体が止まるので団結して復旧に当たることになる.

　水産業は資源制約により生産額が減少しており,漁業サプライチェーン自体が弱体化しつつあった.また,漁港をはじめとする生産施設は政府からの補助金によって整備されてきていた.したがって,震災によって一度に漁船,その他生産施設が失われると,自助努力では再生が難しい.政府も民間も将来性のある地域,業種に投資を集中させることが必要であろう.その中で収益力の見込める養殖業への期待は高い.大手流通業者の支援などを受け,消費者のニーズに応える魚種の導入,水産加工品の開発などを行っていくことが,漁業サプライチェーン再生につながるのではないだろうか.

《参考資料》

1) 宮城県「平成17年宮城県産業連関表」『宮城県経済の構造』2005
2) 宮城県『水産業の振興に関する基本的な計画』2009
3) 宮城県『宮城県水産加工業振興プラン』2009
4) 八田達夫・高田眞『日本の農林水産業―成長産業への戦略ビジョン』日本経済新聞社,2010
5) 根本敏則・橋本雅隆『自動車部品調達システムの中国・ASEAN展開』中央経済社,2010
6) 矢野裕児「被災地への物資供給―流通業」,日本物流学会緊急シンポジウム配布資料『サプライチェーンは何故途切れたか』東京海洋大学,2011
7) 高橋武秀「自動車・自動車部品産業の課題の再認識と再生への展望」,国際プロジェクト・プログラムマネジメント学会秋季大会記念シンポジウム配布資料『産業構造の転換とこれからの産業力』キャンパスイノベーションセンター東京,2011

第11章
復旧・復興のための情報システムの有効な活用

11.1 はじめに：復旧・復興プロセスにおける情報システムの利用

　東北地方は現在でも縄文文化，アイヌ文化の痕跡が残り，独特の歴史的背景や文化を持っている．また世界遺産に自然遺産として登録された白神山地，風光明媚な海岸線を持つリアス式三陸海岸などのように，美しい景観を形成する自然環境が豊かな地域でもある．これらに加えて古来からわが国有数の穀倉地帯であるとともに，三陸沖の豊かな漁場を背景とした漁業および水産業が盛んな地域でもある．このような魅力と自然環境資源を持つ東北地方において，2011年3月11日に太平洋沖でM9.0の大地震が起こり，地震だけではなく大津波によって多大な被害を受け，多くの人命が失われた．また福島第一原発もこの被害を受け，放射能汚染の影響が世界中で懸念されるようになった．以上のように，大地震，大津波，原子力発電所の事故という三大災害が同時に発生したのである．さらに，ICT（Information & Communication Technology）により拡大してしまった風評被害は，被災地域内外に大きな影響を与えることになってしまった．

　東日本大震災は，1995年1月17日に発生した阪神・淡路大震災とよく比較されている．しかし阪神・淡路大震災は狭域における都市計画を中心とした「まちづくり復興」が中心であったのに対し，東日本大震災では大津波等の

影響により被災地域が広域に及んでおり，地域の経済・社会などさまざまな側面にわたる「地域再生計画に基づく復興」が必要ではないかと考える．被災地域である東北地方では，東日本大震災前から人口減少・高齢化問題も深刻であり，限界集落と呼ばれる集落も多く見られることから，復旧・復興過程においては地域経済・社会問題への対応を盛り込むことにより，地域再生も同時に目指す必要がある．また阪神・淡路大震災時から現在までに，わが国では情報化の進展が著しく，このことによる特異な影響も見逃すことはできない．

したがって，被災地域全域での地域再生に加えて，東日本大震災では直後段階からソーシャルメディアの果たした役割が大きいことから，防災・減災のためのICTを利用した情報インフラの整備についても検討する必要があるといえる．本章の著者は，5月～12月にかけて現地調査を行い，被災地域とされる青森県から茨城県，千葉県にかけての太平洋側を訪問し，自分の目で被災状況について確認してきた．このような経験と上述の東北地方の地域特性，東日本大震災による被害状況を考慮し，本章では緯度・経度をはじめとする地理情報という特徴的な情報を中心的に扱う地理情報システム(Geographic Information Systems：GIS)を情報インフラの中心に位置づけて社会基盤とし，東日本大震災の被災地域の復旧・復興，今後の発生が予想される震災での被害軽減に向けて提言したい．日本列島は大地震が生じやすい自然的条件を持っており，今後発生が予想される地震への備えは私たち一人ひとりにとっても重要な課題である．

11.2　情報化の進展とGIS

11.2.1　わが国の情報化の進展

わが国では，2000年に「高度情報通信ネットワーク社会形成基本法(IT基本法)」が施行され，2000年の「e-Japan」では日本型IT社会の実現を目指す構想，戦略，政策が提案され，2006年の「u-Japan」では2010年に「いつでも，どこでも，何でも，誰でも」ネットワークに簡単につながる社会の実現が目指されてきた．また2010年には，「デジタル安心・活力社会」の実現をうたっ

た「i-Japan2015」が提案された．そして，現在では「u-Japan」で目指されてきたユビキタスネット社会から，さまざまな情報ツールからインターネットにつながることができるクラウド・コンピューティング社会へ移行しつつある．そのため，時間と場所を問わず，インターネットにつながる環境さえあるのならば，また何らかの情報端末を持つ人ならば，誰でもインターネットにつながる社会が実現されているのである．

　以上のように阪神・淡路大震災時から現在までに情報化の進展は著しく，私たちを取り巻く情報環境は大きく変化している．阪神・淡路大震災の発生時期は，PCでのインターネットが利用されるとともに，携帯電話も一般に普及しつつあった時期ではないだろうか．それに対して，現在の情報環境は複雑化しており，PCに加えて携帯電話(スマートフォンを含む)などでもインターネットが利用できるようになったため，誰でも容易に情報発信できるようになった．また，Blog，Twitter，You Tube，Facebookなどのさまざまなソーシャルメディアにより，言葉だけではなく画像，動画などを組み合わせた複合的な形態での情報発信が可能になっている．

　これらの一連のソーシャルメディアは，近年のわが国では特に若い世代を中心として毎日のように利用されており，一般の人々の日常生活にも浸透しつつある．しかしながら後で詳述するように，わが国のような高度情報化社会では，ソーシャルメディアはたいへん有用な役割を果たすと同時に，影となる側面も持っており，東日本大震災に関しては善悪両面での影響が大きかったのではないだろうか．

11.2.2　GISの機能と役割

　GISは，「位置や空間に関する情報をもったデータ(空間データ)を総合的に管理・加工し，デジタル地図上に視覚的に表示できるため，迅速な分析や判断を可能にする技術」と定義することができる．そして，多様な情報源から大量の空間データを取り込み，デジタル地図を利用したデータベースを作成するとともに，データベースを効率的に蓄積・検索・変換・解析して地図を作成し，情報提供・共有化や意思決定支援を行うことができる．このため公共選択を行うに当たって，重要な役割を果たす情報システムであるといえ

る．

　中村ら(1998)[1]によると，第二次世界大戦後の1950年代にアメリカ空軍は防空システムSAGEを開発し，これがGISの原型となる画期的なシステムであったといわれている．また同時期に，シカゴで開発された交通管理システムCATもGISの発展に貢献した．この後，都市計画・地域計画や交通管理，自然環境資源管理などでの利用も徐々に始まり，現在では実に多面的に利用されている．カーナビゲーションや地図検索システムなどの形態では，日常生活において「GIS」と特に意識せずとも利用している人々が多いのではないだろうか．わが国では1995年1月に発生した阪神・淡路大震災の被害状況のGISを利用したデータベース化を行い，復興計画に対して情報提供を行ったことから，有用性が認識されるようになった．また前述のGISに関連した法律として，上記の「高度情報通信ネットワーク社会形成基本法（IT基本法）」に加え，2010年12月には「地理情報利用推進基本法」が相次いで施行され，現在では私たちの日常生活のさまざまな側面での利用が大いに期待

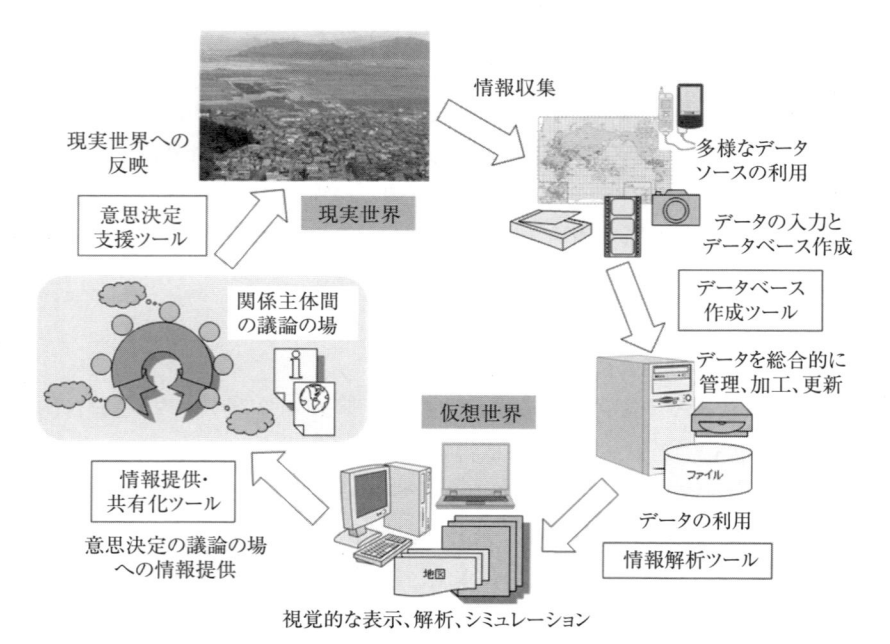

図11.1　GISの諸機能と社会との関わり合い

されている.

　GISは，**図11.1**に示すように，データベース作成機能，情報解析機能，情報共有化・提供機能，意思決定支援機能の大きく四つの機能を持ち，これらの機能を利用して現実世界と仮想世界をつなぎ，人や社会と密接な関わり合いを持つ情報システムであるといえる．このような優れた独特の機能を持つGISは，多様な情報システムの中でも，今後の防災・減災対策，被災地域における復旧・復興において重要な役割を果たす情報インフラの基盤となりうるのではないだろうか．次節以降では，GIS独特の上記の四つの機能を臨機応変に組み合わせて利用することで可能になる防災・減災対策，復旧・復興に関する二つの提言を行いたい．

11.3　GISによる地域情報データベース構築

11.3.1　GISによるデータベース構築の必要性

　GISによる被災地域における被害状況のデータベース化は，阪神・淡路大震災からの復旧・復興過程においてすでに実現され，これによりわが国ではGISの有用性が広く認識されるようになった．またこのときの反省等を契機として，国土交通省国土地理院において国土空間データ基盤の整備を中核としたGISに関する本格的な取り組みも開始された．例えば，**図11.2**は東京大都市圏の土地利用(1974〜1994年)を示しているが，この画像データの作成に当たっては国土交通省国土地理院刊行の三大都市圏を対象とした細密数値地図(10mメッシュ)を利用している．このデジタル地図データは，主に空中写真から判読して作成された10mメッシュ土地利用データである．そして首都圏・中部圏・近畿圏の日本の三大都市圏について，5年ごと5時期分作成されている．土地利用は，山林・田・畑・空き地・造成中地・工業用地・一般低層住宅地・密集低層住宅地・中高層住宅地・商業業務用地・道路用地・公園緑地・その他の公共公益施設用地・河川湖沼・その他の用地の15項目に分類されている．三大都市圏以外でもこれほどの詳細な空間スケールではないが，国土交通省国土地理院では前述の国土空間データ基盤が整備されるとともに，クリアリングハウスが開設され，2003年から電子国土事

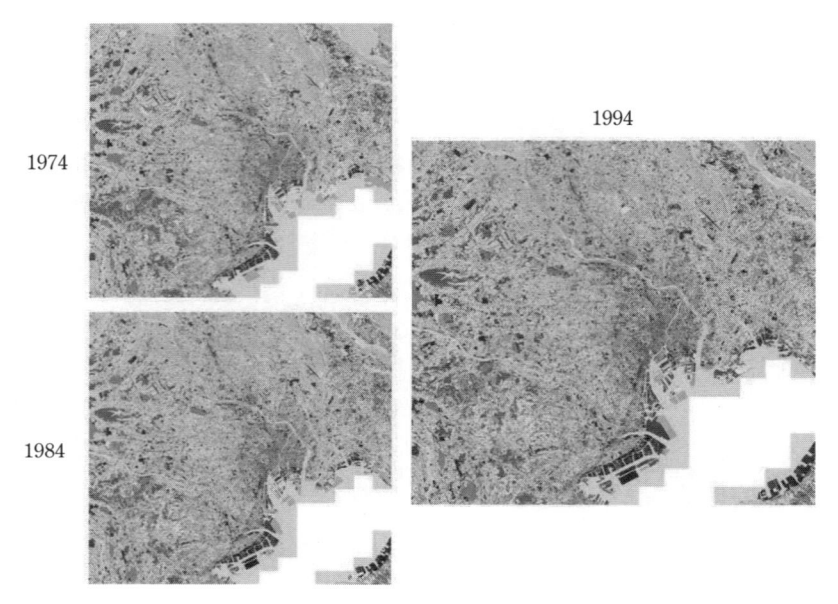

図11.2　東京大都市圏の土地利用変化（1974 〜 1994 年）

業[1]を開始して多様な組織における GIS の利用を推進している．

　以上で述べたような国レベルの取り組みに加えて，地方自治体でも独自に GIS データの整備を進め，業務で実際に活用している事例が増えており，さらに民間企業からも実に多様な GIS データが販売されている．このように地域情報データベースに組み込むべき GIS データとして，すでに多くの種類が整備され，今後もさらに多様な種類の GIS データが続々と刊行されることが予想される．したがってこれらのデジタル地図を基図として，地域の多様な情報に関するデータを統合したデータベースを構築することは，防災・減災に備えるためにも，被災地域だけではなく，多くの地域で必要ではないだろうか．また東日本大震災の被災地域は非常に広域にわたり，被害の状況の程度，内容が地域によって大きく異なっていることから，復興に向けては詳細な GIS データベースが重要な役割を果たすことが期待できる．

---

[1]　電子国土事務局「電子国土ポータル」（http://portal.cyberjapan.jp）

11.3.2 地域情報データベース構築の提案

　以上の必要性を鑑みて，被災地域では人口減少・高齢化が全国平均よりも急速に進行している地域，大震災以降に人口流出が著しい地域もあるため，復興計画においては人口構造や人口分布，産業構造についても十分に考慮する必要がある．そのため，被害状況や地域危険度，地形，新旧の土地利用等の自然条件，産業や人口などの地域経済・社会に関する基礎的な地域情報のGISのデータベースをまずは構築する必要がある．以上に加えて，多様な分野の専門家，行政，一般の人々が持つ地域に関する「専門知」「経験知」を，「暗黙知」ではなくデジタル地図を利用して「見える化」することにより，「形式知」として共有できる「地域知」のGISデータベースも構築してはいかがだろうか．そして基礎的な地域情報のGISのデータベースと合わせて，地域情報データベースとして情報インフラの中心に位置づけ，東日本大震災の被災地域の復旧・復興，今後の発生が予想される震災での被害軽減を図ることが必要ではないだろうか．

　「『地域の知』の蓄積と活用に向けて」(日本学術会議，2008)[3]において，地域に内在する「地域知」が重要視され，これを蓄積し，整理，活用，公開する制度改革，技術開発，さらに以上の事項を運営していく体制の整備が必要であるとされている．「地域知」とは，科学的な知見による専門性の高い「専門知」と，住民のその地域での経験に基づき経験が生み出す「経験知」とが組み合わさって生成される情報・知識・知恵であり，住民の日常生活の至るところに存在する．現在では，「いつでも」「どこでも」「だれでも」情報システムを利用することによって，手軽に人と情報を送受信できるようになっているため，情報システムの効果的な利用によって，地域知をさらに効率よく共有することが可能になっている[4]．

　被災地域にはこれまでに何度も津波被害を受けてきた歴史があり，古文書などの過去の記録，言い伝えや伝承，石碑という形態での形式知として，自然災害に関する地域知が現在まで伝えられてきた．このような代表的事例として，**写真11.1**には千葉県銚子市の海岸に建てられた延宝地震(1677年)の再来想定津波高の記念碑，**写真11.2**には仙台市若林区の浪分神社，**写真11.3**には宮城県南三陸町歌津地区の田端の仏様と神様，**写真11.4**には岩

● 第 11 章 ● 復旧・復興のための情報システムの有効な活用

写真11.1 千葉県銚子市の延宝地震の再来想定津波高の記念碑（2011年6月）

写真11.2 宮城県仙台市若葉区の浪分神社（2011年10月）

11.3 GISによる地域情報データベース構築

写真11.3　宮城県本吉郡南三陸町歌津地区の田端の仏様と神様（2011年6月）

写真11.4　岩手県宮古市姉良地区の「ここより下に家を建てるな」の石碑（2011年9月）

手県宮古市の「ここより下に家を建てるな」の石碑を示している．特に**写真11.2**の浪分神社の名前は，貞観地震（869年）のときに大津波がこの地点で二つの流れに分かれたことに由来しており，海岸から直線距離で約5.5kmも離れている地点であるにもかかわらず，東日本大震災のときにも大津波がこの地点付近まで到達したそうである．したがってこの神社は大地震と大津波の被害を未来世代に伝えるために建立され，東日本大震災でこのメッセージの適切さが証明されたという結果になったようである．また**写真11.4**の石碑に刻まれた文章は，明治三陸地震（1896年，明治29年），昭和三陸地震（1933年，昭和8年）に，大津波が山中であるにもかかわらず，この場所まで押し寄せてきて，集落が全滅したことを意味しており，未来の子孫に対する祖先からの警告のメッセージとしても有名であり，国内外で広く報道されていた．このような石碑は三陸海岸の至るところに建てられており，この地域をこれまでに襲った大津波の被害の悲惨さがうかがえる．そしてこのような形式知としての地域知を，今後さらに将来生じうる可能性がある災害への対応として，いかに生かしうるのかということは，現代に生きる私たちだけでなく，未来世代にとっても重要な問題である．一方，**写真11.3**に示すように海岸からかなり奥まった田端に仏様と神様が祀られているが，近くの田中には漁船が流されてきており，このすぐそばまで大津波が押し寄せてきた形跡が2011年6月現在でありありと残っていた．**写真11.2，11.3**のような明確な形式の未来世代に向けたメッセージでは決してないが，これまでの大津波の犠牲者の方々を供養するため，また地域を守っていただくためにという願いを込めて，地域の人々が仏様と神様をこの場所に祀っておられるのではないかと思われる．

　したがってまずは自然条件，地域経済・社会などに関する基礎的な地域情報データベースを構築し，住民が所持する情報で暗黙知として存在する地域知や，過去の津波とその被害の記録や先人たちの蓄積してきた地域知のデータベースも合わせて，地域情報データベースとして広く情報を共有することにより，今後の発生が予想される震災での被害軽減を図ることが必要ではないだろうか．東日本大震災の被災地域は，広域であるうえに被害状況の地域格差が大きいことから，GISによる詳細な地域情報データベースを構築し，

これを基盤として地域再生計画を策定して，地域に関わる多様な主体の参加により計画を実行していくことが重要であろう．さらに被災地域だけではなく全国各地において，以上で述べた地域情報データベースの構築を提案したい．このようなデータベースは防災・減災対策の基盤となりうるし，災害の復旧・復興段階では情報基盤としての役割を果たしうるが，平常時には多様な目的での利用が期待できる．

11.3.3 地域情報データベースの利用

被災地域には仙台市のような大都市に加え，小規模な農山漁村も多く分布しており，人口減少・高齢化問題に加えて各種産業の衰退，医療問題など多くの地域経済・社会問題を震災前から内在していた．そのため地域格差が大きな圏域全域での地域再生とともに，従来からの地域経済・社会問題への対応も同時に必要とされている．また主に海岸付近の地域を中心として地盤沈下が起こり，大津波で壊滅的な被害を受けてしまった集落では，高台や他地域などへの集落単位，家族や個人単位での移転についても検討する必要が生じている．そこで先に提案した地域情報データベースを基盤とし，災害に強い地域づくりを目的とした土地利用・空間利用計画を提案できないだろうか．同時に環境共生型の地域づくりとなるように，コンパクトシティや低炭素都市などの考え方も地域再生計画に導入することを検討できないだろうか．そして三陸海岸の最も大きな魅力は，リアス式海岸と津々浦々に農山漁村集落の点在する美しい風景であるといえる．そのため環境という概念の中には，景観も地域の個性を示す指標として取り入れ，美しい景観を保ちつつも，災害に強い環境共生型の土地利用・空間利用が行われることが必要であるといえる．

加えて東北地方以外の地域においても，行政等の公開しているハザードマップを一般の人々が再確認することなどが行われている．また，臨海部の埋立地だけではなく内陸でも液状化現象が確認されており，内陸では主に河川，沼地などの水域を埋め立てた地域で液状化現象が発生しているようである．このため古い時代の地図などを参照して，以前の土地利用を把握することも行われるようになった．このような自発的な取り組みにより，地域の脆

弱性を知り，災害時に想定される被災状況について理解し，避難場所や避難経路を日ごろから熟知するとともに，個人や家族単位で避難シミュレーションを行うことは，減災対策として重要ではないかと考える．そのためハザードマップだけではなく，古い時代の地図なども地域情報データベースに加え，一般の人々がこのような地域情報データベースを適宜参照することによって身近な災害リスクを認知することは，地域のさまざまな主体間でリスクコミュニケーションを行うための基礎となるだろう．

11.4　ソーシャルメディア GIS による情報提供・共有化

11.4.1　ソーシャルメディア GIS の提案

　第2には，コミュニケーションツールとして利用できる情報インフラとして，Web-GIS，デジタル地図とソーシャルメディアの利用を考慮したソーシャルメディア GIS の作成が提案できる．わが国の情報環境は阪神・淡路大震災発生時とは大きく異なり，東日本大震災の発生直後から，従来から利用されていた ICT に加えて，ソーシャルメディアが情報発信・収集のための手段として広く利用されたことにより，災害時での有用性が認識された．また福島県南相馬市の桜井勝延市長が YouTube を利用して，英語の字幕を付けて世界に支援を呼びかけたことは，被災地域の深刻さで世界中に衝撃を与えたと同時に，ソーシャルメディアの影響力や伝播力の大きさを実感させるものであった．さらに ESRI ジャパン[2]では，ニュージランド大地震，東日本大地震発災直後に，被災地域に関するソーシャルメディアマップを公開し，これらはデジタル地図を基盤としたリアルタイムでの情報の更新が可能な「集合知」のデータベースとしても利用されているといえる．

　これらのことから，被災地域以外の地域でもこのような Web-GIS を利用

---

[2] ESRI ジャパンでは，応急対応・復興支援活動をサポートするために研究機関や民間企業により結成された東北地方太平洋沖地震緊急地図作成チーム（EMT：Emergency Mapping Team）の一員として地図作成活動を支援している．東日本大震災のソーシャルメディアマップのウェブサイトは次のとおりである．（http://175.41.145.246/tohoku_taiheiyooki/）

したソーシャルメディアマップを作成し，平常時は一般的な趣味や娯楽などでも利用し，災害時には安否確認，災害情報や避難情報などさまざまな情報の発信・収集のために利用できるように整備することが必要ではないだろうか．このような取り組みは，小林(2011)[5]によると，ソーシャルメディアの特徴を生かしたネットワーク型の取り組みに加え，さまざまな主体が協力したコラボレーション型の取り組みになるのではないだろうか．

そのため今後の情報化の進展を考慮して，自然災害発生時などの緊急時に一般の人々でも利用可能な情報システムの開発が不可欠である．その試みの一つとして，前節で提案した「地域知」のGISデータベースを基盤としたソーシャルメディアGISが考えられる．例えば，ハザードマップは多くの地方自治体で作成・公開されているが，行政や専門家などから公開されている情報に加えて，さらに一般の人々の持つ地域知も掲載して，ハザードに関する集合知を結集したソーシャルメディアGIS・ハザードマップも作成されると，地域の防災力や減災力をよりいっそう高めることができるのではないだろうか．このような取り組みにより，デジタル地図という地域の特性を具体的に可視化することができるシステムを通して，地域のさまざまな主体間でリスクコミュニケーションが効果的に行われることが期待される．

また東日本大震災では，被災地域支援に当たって，必要とされている救援物資，派遣して欲しい医療関係者，ボランティア，NPO，さまざまな技術者などの人材が必要とされている地域にうまく到達できず，支援者と被災者の方々の需要と供給が一致しなかった場合も見られた．このような場合には，被災地域と被災地域以外の地域を結びつけるようなソーシャルメディアGISがあると，被災地域内外での情報交換がさらにスムーズに行われ，救援物資の送付，人材派遣が適切に行われたのではないだろうか．このような事例として，ウシャヒディというオープンソース・ソフトウエアを利用して，ボランティアスタッフによって開設・運営されたサイト「sinsai.info」[3]があげられる．このウェブサイトでは，Twitterやメールなどで一般の人々から寄せら

---

[3] sinsai.info 東日本大震災｜みんなでつくる復興支援プラットフォーム (http://www.sinsai.info/)

れた被災地域の被害情報や避難所，店舗や施設，雇用などに関する多様な情報が整理され，わかりやすく掲載されている．このようにコミュニケーションツールとしての GIS の活用方法も，さまざまな分野で今後は重要になってくるといえる．

11.4.2　ソーシャルメディア GIS の運用

　以上で提案したソーシャルメディア GIS は，地域コミュニティでの自主的な運用が行われ，地域の人々に主体的に利用されることが望ましい．システムの専門家でなくてもシステムの管理ができるように，ユーザビリティを十分に考慮してカスタマイズをすることが必要であるが，このことからコミュニティビジネスのチャンスが生まれる可能性もある．そして，平時から何らかの情報ツールを利用した情報発信・情報受信に慣れ親しんでいたほうが，災害時にも適切にこれらを利用できるではないだろうか．災害時にはこのような情報ツールを利用して地域の人々がつながり，さらに地域外の人々ともつながることによって，孤立感が少なくなり，緊張感が続くなかであっても安心感を持つことができるようになるのではないだろうか．阪神・淡路大震災のときには，とても痛ましいことであるが，仮設住宅での主に高齢の方々の孤独死も少なくはなかったと聞く．もちろん，対面的な人と人のつながりが最も望ましいが，このようなインターネットを介した人と人のつながりでも，前者の役割を少しでも代替できるのではないかと考えられる．災害直後段階には被災地域とその周辺では，鉄道や道路などの交通網が分断され，直接的な安否確認は非常に困難であろう．そのためインターネットなどを介した安否確認でも，人々はかなりの安心感は得られるのではないだろうか．また震災後に段階が進んでいくにつれて，各段階において，必要とされる地域に必要とされる救援物資を送り，必要とされる人材が派遣できるように，需要側，供給側のさまざまな情報が一括して共有・管理・更新されることも必要である．

　第 1 節で述べたように，東北地方の被災地域は広大であるため，被災地域の情報をなかなか得ることができず，どのような場所でどのような物資や人材が必要とされているのか地域全体で総括的に把握することが困難であった．

さらに西日本や南日本からは遠い地域であるがゆえに，NPOやボランティアの人々もなかなか復旧・復興支援活動に参加しにくいのが現状ではないだろうか．阪神・淡路大震災のときには全国各地から多くのNPOやボランティアが駆けつけ，復旧・復興活動支援を行ったことが指摘されている．このような人々の自発的な活動の重要性，社会的必要性が広く認識されるようになり，1998年には特定非営利活動促進法（NPO法）が施行されるという成果もあった．また大阪や京都などの近隣の大都市では被害が少なかったため，これらの大都市を拠点として支援活動を行うことができたとも聞く．これらの点を鑑みても，複数地域間でのデジタル地図を基盤としたモノとヒトに関する情報共有や情報交換は有益ではないだろうか．

また多様な情報をすべて一つのデジタル地図に掲載してしまうと，煩雑で見にくく，どのような形態でどのような情報があるのか理解しにくいものになってしまう．そのため複数の空間スケールのデジタル地図のレイヤーに分け，大規模な空間スケールでは大まかな情報，小規模な空間スケールでは詳細な情報を掲載することなど，情報の掲載や表現方法には工夫が必要であるといえる．または医療，避難場所，救援物資の所在と種類など，情報の種類別にデジタル地図のレイヤーを分けて用途別に設定することなども工夫の一つとして考えられるだろう．

11.4.3 情報倫理と情報リテラシー

ソーシャルメディアにはすでに多様な種類，形態があり，情報の伝搬力がテレビやラジオ，新聞などの従来からのマスメディアに比べて高いために，社会への影響力がどんどん増大しつつある．このようにインターネット公共圏が形成され，さまざまな人々からさまざまな意見が自由に発信されることになり，私たちは多種多様な意見に触れられるという利点を享受できるとともに，情報を吟味できる力を養う必要も生じている．ソーシャルメディアの影となる側面として，ICTにより想定外のスピードと規模で拡大したデマやチェーンメールなどを主因とする風評被害によって，わが国の農業や水産業だけではなく各種産業も大きな悪影響を被っていることがあげられる．特に被災地域とその周辺では，大震災，大津波，原子力発電所の事故という三大

災害から直接的に受けたのではない多大な被害を実際に受けている．このようなことは，荻上(2011)[6]が指摘するように，災害流言という形での人災ではないだろうか．

　そのためソーシャルメディアを利用した情報発信については，情報発信者が情報倫理を徹底して遵守するとともに，ソーシャルメディアGISではデジタル地図を利用することにより緯度・経度などの詳細な位置情報付きの情報発信となってしまうため，慎重な情報発信を心がける必要がある．また情報受信者にも，災害の緊急時にはなかなか難しいことかもしれないが，情報の吟味を冷静に行うことができるような情報リテラシーが必要とされているのではないだろうか．したがって学校教育における情報科教育においても，情報ツールの効果的な利用だけではなく，情報倫理・情報リテラシーについても徹底して盛り込んでいただくことが期待される．

　災害流言のように影となる側面の情報は，善意で情報の拡散がなされる場合，悪意またはいたずら，勘違いや思い込み，単なるミスで情報の拡散がなされる場合があると考えられるが，多種多様な情報の真偽を適宜見分けることは難しい．災害発生直後であって被災地域内外の多くの人々が動揺しているような状態では，いくら気丈な人であっても，情報の妥当性や信頼性まで冷静に考え判断できるような余裕はないのではないかと思う．特にTwitterでの情報発信は文字数が限られていることから，説明不足なときや言葉足らずなときがあり，平常時でも情報受信者の誤解を招きやすいのではないだろうか．このようなときこそ，情報発信者が情報倫理を遵守し，細心の注意を払って情報発信を行うことが必要であろう．情報端末を利用しての情報のやり取りは，送信ボタン一つで情報発信できてしまうことから，電子メールが利用され始めた時期から「ネチケット」という言葉で情報発信時の注意がなされていた．このようなインターネット利用時の初歩的な注意事項について，現代のわが国のようにインターネット公共圏が形成されている社会では，改めて再認識することが必要であろう．

　またハンディキャップを持った人々，高齢の方々に加えて，日本語をあまり十分に理解できない外国の方々などは，どうしても災害弱者となってしまいやすい．三陸海岸では明治の津波以降，津波が発生した場合の「津波てん

でんこ」という言い伝えがあるそうだ．つまり，津波のときは，事前にお互いに認め合ったうえで，「てんでんバラバラ」に逃げて一族共倒れを防ごうという意味である．吉村（2004）[7]の『三陸海岸大津波』は優れた記録文学であり，明治時代以降に繰り返し三陸海岸を襲った大津波のときの「津波てんでんこ」の様子についても詳しく記されている．しかしどのような災害の場合であっても，現代社会では災害弱者になってしまう可能性が高い方々に対して特に配慮した適切な情報発信を行い，避難行動支援が行われることが期待される．

11.5 わが国における情報環境の整備の必要性

11.5.1 フィンランドの情報化政策の応用可能性

ただし以上のことは，まず，PC であれ，携帯電話やスマートフォンであれ，どのような情報端末であってもよいが，インターネットにつながる情報環境が整備されてこそ可能になる．したがって，重要な社会基盤の一つとして情報インフラを位置づけ，平常時の利用を想定するだけではなく，災害時であっても利用可能な情報インフラの整備を行うことが必要である．また電源を確保可能な自動車等の配置や派遣を含めて，これらの情報インフラの整備についても検討できることが望ましい．このようなときに，北欧のフィンランドの試みを参考にすることはできないだろうか．

例えば，フィンランドは，わが国では「森と湖の国」やムーミンの故郷，サンタクロースの国，フィンランドメソッドと呼ばれるユニークな教育や学習到達度の高さなどで有名であるが，情報化に関しても世界有数の先進的な独自の取り組みを行っている．総務省資料[4]によると，フィンランド運輸通信省は 2004 年に国家ブロードバンド戦略を立ち上げ，翌年に競争環境，新技術，地域発展などに関する 59 項目のアクションプランを示した．2015 年末までに全国に高速ブロードバンド接続を整備することを目標とし，これを実現す

---

[4] 総務省「世界情報通信事情」「フィンランド（詳細）」
（http://g-ict.soumu.go.jp/country/finland/detail.html）

●第11章● 復旧・復興のための情報システムの有効な活用

るため2010年7月に最低1Mbpsのブロードバンド接続の提供がユニバーサルサービスに含まれることを決定した．さらに2015年を期限とする新たなアクションプランを2012年に示す予定である．また1990年代のインターネット普及による急激な情報化に対応し，新たな情報通信産業の担い手となる人々を成人教育により育成し，国際競争力を高めることも行っている．事実，世界一の携帯電話出荷台数を誇る企業はフィンランドのNokiaでもある．この背景には，面積が日本とほぼ同程度であるが，人口は2009年現在で約533万人であるため，人口分布が非常に希薄であり，自然条件のために地域的な偏りも大きいことがある．またこのような人口分布の特徴により，医療や教育，さまざまな施設配置，公民双方からのサービスの提供などの面で問題が生じやすいだろうし，冬季には厳しい寒さにより人々は屋内に閉じこもらざるをえないのではないだろうか．

このように国策として各家庭にインターネットを導入し，たとえ人口分布が希薄な地域であっても，冬季の閉ざされた時期であっても，インターネットを通じて多様なサービスを受けることができ，人々がつながりあえるような仕組みを国家全域でつくりあげている．このような考え方をわが国，特に東北地方の被災地域で導入することにより，東日本大震災からの復興を契機として，情報インフラの抜本的な整備を図ることができないだろうか．

11.5.2　オープンソースGISの活用

本章ではこれまでGISの利用を前提とした提言を行ってきた．GISのアプリケーション・ソフトウエアというと，高価なものが多いと思われがちであるが，近年ではベンチャー企業などが開発した比較的安価なものが販売されていることに加えて，オープンソースGISもわが国に続々と紹介されつつある．また有名な利用者が多いオープンソースGISでは，マニュアルや事例集なども次々と刊行されつつある．例えば，アメリカ陸軍工兵隊建設エンジニアリング調査研究所でもともと開発されたデスクトップGISのGrass，アメリカのミネソタ大学で開発されたMapserverなどは有名であり，わが国でも利用者が増えつつある．これらのオープンソースGISはFOSS4G（Free Open Source Software for Geospatial）と総称され，国際非営利組織のOSGeo

財団が利用者のコミュニティを支援している．日本でもこの財団の支部があり，東日本大震災への対応と支援が行われている[5]．

このようなオープンソース GIS を利用して，本章で提案したような GIS データベースを構築することや，ソーシャルメディア GIS を開発することも可能ではないだろうか．多額の資金を入手しなくても，このようなオープンソース GIS を利用して，各種の空間情報を整理し，情報発信していく可能性があるのではないだろうか．または前節で紹介したように，国土地理院の電子国土事業も無償で参加することができ，地方自治体，NPO，大学や研究機関などが参加して独自のウェブサイトを開設している．2011 年 7 月からは，電子国土 Web システムのオープンソース版(Ver.3)の試験運用も開始されている．

本章の著者の研究室でも電子国土事業に参加し，学校教育における自然体験教育プログラムを開発するともにそのウェブサイトを開設して，東京都武蔵野市内の小中学校のご協力のもと，実際に運用させていただいた経験を持つ[6]．また小中学校での実際の導入可能性を考慮して，日本発のオープンソース GIS であるカシミール 3D[7] や MANDARA[8] を利用した．このようなコストパフォーマンスを考慮した試みが，地域における GIS 導入の実現可能性を高めるためにはまずは重要ではないだろうか．

---

[5] OSGeo 財団日本支部（http://www.osgeo.jp）
[6] 自然体験教育プログラム（http:// www.ohta.is.uec.ac.jp/yamamoto/gis）自然体験活動教育プログラムの提案と運用については，文献 8) 9) に詳細が記述されている．
[7] カシミール 3D は，地図ブラウザ機能を基本に，風景 CG 作成機能，GPS データビューワ・編集機能，ムービー作成機能，山岳展望機能などの多彩な機能を持つ GIS のアプリケーション・ソフトウエアであり，DAN 杉本氏が開発した．国土地理院の数値地図をはじめ，世界中の地図・地形データ，衛星・航空写真を使用できる．（http://www.kashmir3d.com/）
[8] MANDARA は，表計算ソフト上の地域統計データを地図化することに適した GIS のアプリケーション・ソフトウエアであり，埼玉大学の谷謙二氏が開発した．全国の市町村別の地図データが付属しているほか，白地図画像から自分で地図データを作成することや，シェープファイルや各種数値地図，国土数値情報からデータを取得することもできる．（http://ktgis.net/mandara/）

11.6　おわりに：情報システムに関する展望

　本章は，GISを情報インフラの中心に位置づけて社会基盤とし，東日本大震災の被災地域の復旧・復興，今後の発生が予想される震災での被害軽減に向けて提言することを目的とした．具体的には，わが国の情報化の進展とGISの関連性について論じたうえで，東日本大震災における復旧・復興のための情報システムの有効な活用例として，GISによる地域情報データベースの構築，ソーシャルメディアGISによる情報提供・共有化について提言した．そしてこれらの提言を実現するためのわが国における情報環境の整備の必要性について，フィンランドの情報化政策の応用可能性を参考に示すとともに，コストパフォーマンスを考慮した実現可能性について論じた．

　本章の著者は，現地調査に行くたびに東北地方に関する自分自身の持つ知識の乏しさを実感し，これを補うために東北地方の歴史や地理に関する文献を取り寄せて，できるだけ多く読破するよう心がけた．加えて本章の執筆を進めるに当たっては，情報化政策の先進国家であるフィンランドなどの諸外国の事例に関する書籍も読み進めた．後者に関する書籍のうち，Miettinen（2010）[10]やIlkka（2008）[11]では，フィンランド人のこれらの研究者が自国の情報化をはじめとするソーシャル・イノベーションについて紹介し，成功要因，失敗要因について詳細に分析している．フィンランドがICTの先進国家となった背景には，「国家イノベーションシステム（National Innovation System：NIS）」という国家レベルでの概念に基づいた取り組みがあり，数々の社会改革（ソーシャル・イノベーション）が敢行されたようである．わが国でも東日本大震災からの復興を契機として，被災地域だけではなく全国規模で，情報システムなど今後の進展が予想できる分野を切り口としたソーシャル・イノベーションが実現できるチャンスがあるのではないだろうか．東日本大震災以降，私たち日本人の価値観もしだいに変化しつつあり，エネルギー消費量を削減するためのライフスタイルの変更についても検討できるような状況にあるように思えるため，ソーシャル・イノベーションを推進するよい契機になるかもしれない．

また序章で述べられているように，本書の構想は，日本計画行政学会計画理論研究専門部会における参加者有志の議論から始まった．日本計画行政学会では，過去30年以上にわたって3年間単位で学会としての統一テーマを設定し，学会が一体となって研究・教育活動を行ってきた．ちょうど2011年度からの3年間の統一テーマは，くしくも「ソーシャル・イノベーション」である．本章の著者はこの点についても着目し，継続的な現地調査を行いながら，東日本大震災の復旧・復興，被災地域の地域再生に関する研究をさらに進めるつもりである．

《参考資料》

1) 中村和郎・寄藤昂・村山祐司編『地理情報システムを学ぶ』古今書院，1998
2) 山本佳世子「環境情報システムとしてのGISの到達点と今後―琵琶湖集水域における土地利用解析を事例として―」『環境科学会誌』Vol.22, No.2, 2009, pp.143-154
3) 日本学術会議地域研究委員会『「地域の知」の蓄積と活用に向けて』2008
4) 柳澤剣「地域知の蓄積を目的としたWeb-GIS構築に関する研究」電気通信大学大学院情報システム学研究科 平成22年度修士論文，2011
5) 小林啓倫『災害とソーシャルメディア―混乱，そして再生へと導く人々の「つながり」』毎日コミュニケーションズ，2011
6) 荻上チキ『検証 東日本大震災の流言・デマ』光文社，2011
7) 吉村昭『三陸海岸大津波』文春文庫，2004（原著は『海の壁』中公新書，1970）
8) Noriyoshi Hosoya and Kayoko Yamamoto, "Web-GIS based Outdoor Education Program as Environmental Education for Elementary Schools", Journal of Scio-Informatics, Vol.4, No.1, 2011, pp.49-62
9) Noriyoshi Hosoya and Kayoko Yamamoto, "Web-GIS based Outdoor Education Program for Junior High Schools", World Academy of Science, Engineering and Technology, Vol.60, 2011, pp. 316-322
10) Reijo Miettinen 著・森勇治訳『フィンランドの国家イノベーションシステム』新評論，2010
11) Ilkka Taipale 著・山田眞知子訳『フィンランドを世界一に導いた100の社会改革―フィンランドのソーシャル・イノベーション』公人の友社，2008
12) 山本佳世子「東日本大震災提言：情報インフラとしての地域情報データベースの構築」『計画行政』Vol.34, No.3, 2011, p.11

第 12 章
自然災害と共存する地域環境

12.1 自然の脅威に対する再認識

　東日本大震災は多くの人々の生命や財産を奪い，大きな傷跡を残しているが，巨大な自然災害に対するさまざまな問題提起の契機となった．自然災害の発生時期やその規模を正確に予測することの難しさや，被害を最少化するための取り組みは自然の前ではあまりにも無力であることが明らかになるとともに，自然と闘ってきた先人の歴史や伝承の大切さを改めて認識させたのである．

　とりわけ，あまりにも大きな津波の被害を目の当たりにしたとき，物質的な豊かさを享受する私たち人類に自然は恵みをもたらしてくれるだけではなく，ときに牙をむいて襲ってくる脅威であることを思い知らされたといっても過言ではないだろう．

　人類は地震，津波のような自然に対して無力であることを認識し，どのように向き合うことができるかを考慮し，可能な限りの対策を講じておくことが求められる．このことは何よりも犠牲になられた方々による現代，そして未来の人々に対する貴重な無言の警告であると受け止めておかねばならない．

12.2 自然の中の人類

　地球生態系には数多くの生物種が存在しており，それぞれが有機的につながり豊かな多様性を形成している．人類は多くの植物，動物を自らの食物や資源として利用してきたが，他の生物の餌となることはほとんどないために，食物連鎖の最上位に君臨していると考えてきたのではないだろうか．直接，目で見ることのできない微小な細菌，ウイルスあるいはがん細胞を除けばほとんど生命を脅かす天敵と呼べるような他の生物種は存在していない．

　しかし，自然環境は文明の発展の歴史の中で常に重大な影響を与えてきた．遥か遠い昔に，人間の祖先が森から草原に進出し，2本の足で立ち上がったのも単なる偶然ではなく森の中の環境に何らかの異変が生じたか，あるいは平原に新たな魅力が出現したによるものであったに違いない．

12.2.1　自然環境によって形成される人類の思想

　日照，気温，風などの厳しい自然環境条件の中に生きていた人類の祖先は，自然を自分とは異なる客体として対置し，二元論としてとらえるようになった．ギリシャ哲学は人々を取り巻く事象を原理（アルケ）と論理（ロゴス）に分け，自然は科学する対象とした．いわゆる目的論的な自然観に基づく思想の誕生である．

　一方，四季がはっきりとしている日本のような快適な自然環境に恵まれた地域にあっては，人類の存在も自然の中の一つであると認識するようになる．古代オリエントや古代インドの思想の原点であり，日本の神道や仏教思想の源流である．このような自然環境に対する考えは，降雨や日照によって植物を育み豊かさをももたらしてくれる存在であり，人類に果樹，穀物さらには動物を資源として与えてくれる豊穣の源であるととらえていたことによる．時には日照りや長雨が続き，自然の恵みが得られないことや，野生の動物によって傷つけられることもあったが，これらはあくまでも人智の及ばない存在であり，畏敬の対象としてとらえていた．森羅万象すべての存在に人類を超越した存在としていわゆる神を見たのである．

12.2.2 自然を超えた近代の経済社会

このように人類の文明発展は自然環境に対する認識により，大きな二つの流れを持って発展してきた．すなわち自然は豊かさをもたらす存在とした流れと，自然には善なる神と悪なる神が存在し，その戦いの場が現世であるとした流れである．前者のギリシャ哲学を源流とする西洋思想はやがて自然は利用するために支配する対象としてとらえ，科学技術の発展の原動力となってきた．18世紀のヨーロッパで発生した産業革命は，石炭というこれまで人類が利用してきた薪炭材に比べて格段に効率のよいエネルギーを使うことによって，人類が自然の制約を克服することを可能にした．1769年にフランス人，ニコラ・キュニョーが石炭を使用した蒸気機関による自動車の発明は，ダイムラーとベンツによるガソリンを燃料とした内燃機関による自動車の発明につながり，1908年にはT型フォードが大量に生産されて人々の生活の中に自動車が急速に浸透していった．さらに，飛行機も1903年にライト兄弟がエンジンによる有人の飛行機の飛行に成功するなど，20世紀はじめに発明された自動車，飛行機により人類は行動範囲を飛躍的に拡大することに成功した．しかし，そのことは人々による資源の奪い合いも激化させることになり，二度にわたる巨大な世界的な戦争が勃発，多くの人命が奪われ有史以来最悪の世紀ともいわれているゆえんである．

このように産業革命以降，人々が急激な近代化で追い求めてきたのは効率性の追求であった．とりわけ第二次世界大戦によって多くの人々が傷つき，軍需産業を優先した経済は疲弊していた日本では戦後，残された労働力と資本を持って復興するためには極めて高い効率性の追求，合理性が求められた．とりわけ重化学工業への資本の集中的な投入による国土開発であった．これによって世界的，歴史的にもまれな経済復興，いわゆる高度経済成長が達成できたのは周知のとおりであるが，経済復興のもう一つの側面として公害と農山村の荒廃が発生した．

12.2.3 拡大する汚染と農山村の荒廃

当時は害とは呼ばれていなかったが，経済活動に伴う汚染は産業革命以降，世界各地で発生していた．産業革命の始まったばかりの18世紀のロンドン

では石炭燃焼に伴う煙が人々を襲い，深刻な健康被害が発生した．明治期の日本においては富国強兵政策の下で栃木県足尾の銅鉱山の精錬所から排出される亜硫酸ガスが周辺の山林や農地を荒廃させ，農民が窮乏した．元衆議院議員田中正造がこのような深刻な実情を天皇に対して直訴しようとする事件なども起きている．しかしながら，いずれも当時は国家の利益が優先され，被害は放置されていた．第二次世界大戦後になり水俣病に代表されるような重化学工業による重篤な環境汚染が広がり，ようやく地域の人々の被害に対する抗議の声が社会運動に発展し，その被害の実情が注目されるようになった．さらに汚染が公害と呼ばれるにつれて，公害防止技術の開発と規制政策，補助金などの対策がさまざまな面から実施され，環境の質や被害者の救済が改善されていった．

　一方，重化学工業を中心とする復興の中にあって，都市部への人口集中により農山村環境は高齢化が進み，過疎とともに自然環境が急速に劣化する．さらに農業従事者の減少によるわが国の食料自給率の低下，貿易摩擦等と相まって，多くの農山漁村では解決が困難な課題を抱えたまま今日に至っている．

　いずれにしても，経済の効率性，合理性の追求は，自然環境の保全に優先されて今日に至り，この結果，野生動物の種の減少，森林資源の消滅など影響は地球的規模に広がり，可及的速やかに対策を講じなければ取り返しのつかない状態に陥るおそれがある．こうした状況の下で自然環境の存在や役割を再認識するとともに，その共存のあり方を示すことは現代における最も重要な課題となっている．

12.3　東北地方の自然と地震，津波被害

　地震・津波によって被害を受けた東北地域を中心に，日本の経済発展と自然環境のかかわりについて整理していきたい．

12.3.1　東北地方の地域的特徴

　日本は西欧に遅れて 1868 年 10 月 23 日の明治天皇即位，改元の詔書によ

る明治維新以降,とりわけ日清戦争ごろになって,ようやく石炭による蒸気機関による工業化,近代化が急激に進むことになったが,東北地方の近代化は国内の他地域に比べて遅れていた.明治初年,戊辰戦争に敗れた奥羽越列藩同盟の諸藩のうち,陸奥国は磐城,岩代,陸前,陸中,陸奥に,出羽国は羽前,羽後に分割されることとなった.陸前,陸中,陸奥の三陸海岸地域では,ノコギリ状のリアス式海岸で複雑に入り組んだ入り江の奥は海からの波が低く水深が深いため,古くから良港として使われていた.河川が流れ込んでいる地域の入り江は汽水域として,沿岸漁業や養殖などの漁業が盛んである.しかし,陸地は起伏が多く,急な傾斜の山地が海岸にまで迫っていることもあり,平地が少なく陸路での移動は不便であるため長い間,船以外には外部との交通手段がない陸の孤島となっていた地域も多い.

このように自然環境条件も厳しいことから経済的な基盤は弱く,明治維新の戊辰戦争敗戦によってさらに経済的に困窮することになった.明治期の富国強兵政策の工業化の中にあっても,岩手県の釜石製鉄所などいくつかの例以外は,政府による大規模な投資,開発は行われてこなかった.開発の基盤ともいうべき鉄道も,西南戦争によって政府の財政が逼迫していたという理由はあるにせよ,東北地方を縦断する東北本線すら官営による国家計画によるものではなく,日本初の私営の日本鉄道が敷設したものであった.このように経済的な貧しさから,東北地方の人々は女工や労働者として都市部へ流出していった.さらに昭和初期には旧満州国などへの移民も進んだ.中でも1930年の日本最後の飢饉と呼ばれる昭和東北大飢饉の発生によって,農村出身者の身売りが続出したことなどが,二・二六事件の原因の一つともいわれている.さらに太平洋戦争後は東北地方においても農地改革によって小作農は解放され,工業化が進んだが,他の地域に比べて経済基盤が極めて脆弱であり,高度経済成長期には東京などへの出稼ぎや集団就職が相次ぎ,今日では少子高齢化による過疎化が顕著である.

12.3.2 豊かな自然環境との共存

前述したように三陸海岸地域は多くの谷が連続するリアス式海岸で,複雑な湾や入り江が形成され,高さ10mから100mを超える海食崖が発達して

おり，平地は極めて少ない．その一方で，三陸沖には，北から親潮と呼ばれる寒流の千島海流と，南から黒潮と呼ばれる暖流の日本海流やさらに津軽海峡から暖流である対馬海流が流れ込んでいることから，暖流系と寒流系の魚が密集しており好漁場となっている．海岸部はすぐに深くなるが底質は岩礁や砂礫質が多いため，アワビ・ワカメ・コンブなどの生育にも適しており，水産資源は豊富で漁業が地域経済を支えてきた．

こうした地域で，2011年3月11日に巨大な地震とそれに伴って史上最大規模の津波が発生し，東北地方の三陸海岸が襲われたのである．

12.3.3　繰り返される津波被害

吉村昭の著書「三陸海岸大津波」などによれば，三陸沿岸は明治維新以降，少なくとも三度にわたる大きな津波によって甚大な被害を受けた．1896（明治29）年に岩手県を襲った明治三陸大津波では，岩手県大船渡市綾里地区では38.2mの高さの津波が遡上したことが記録されているほか，沿岸は広域にわたって大きな被害を受けた．その後も津波の被害を防ぐための十分な災害防止対策がとられなかったために，1933（昭和8）年と1960（昭和35）年の津波によって，再びこれらの地域で甚大な被害が発生し，その後，三陸海岸の各地では住宅の高台への移転や防潮堤などの防災施設の建設が進められた．釜石港には世界最大の水深63mの湾口防波堤が1978（昭和53）年から建設が開始され，2009（平成21）年に完成した．この防波堤は中央部に大型船の航路として300mの開口部を設けているほかは，その両側に北側990m，南側670mの巨大な防波堤をハの字に設置している．これによって津波襲来の際にも湾内の水位は防波堤の天端部から4m低く減衰させ，陸地部への浸水を防ぐことができるとしており，今回の大津波では一定の効果があったことが報告されているが，それでもなお想定以上の大きな被害が発生している．

12.4　津波被害と防止対策

明治以降の津波被害をもとに設計されたこれらの防災設備は，1 000年に一度といわれるような今回の巨大な津波に対しては効果が限定的なもので，

各地に設置された巨大な防波堤，防潮堤を越え，人々や家屋を飲み込んでいった．自然災害は発生場所，時期，規模を正確に予測することは現代の科学を持っても難しい課題であるが，限定的とはいえ，十分な予測のもとに災害を最小化するためのハード，ソフト両面の対応が求められる．ハード面においては，防波堤の建設と並んで住宅地の移転があげられる．

12.4.1 防波堤の建設とその限界

　過去数十回にわたって津波に襲われ，1611（慶長16)年，明治，昭和の大津波ではすべての集落が壊滅するほどの被害を受けてきたことから，津波太郎と地元の人々が呼称する岩手県宮古市田老地区では，高さ10m，総延長2kmを超える巨大な防波堤が人々の生活空間と海岸線を区切る境となって設置されているが，今回の津波によって一部が崩壊し，大量の濁流が津波に住宅地を襲い住宅等の生活空間が破壊された（**写真12.1**）．このほか多くの

写真12.1　岩手県宮古市田老地区防波堤内側の津波被害を受けた住宅（2011年8月）

地域では，過去の津波被害をもとに設置された防潮堤や防波堤の効果は限定的であった．

12.4.2　住宅の移転

　明治の津波のあと，国家予算による復興事業はほとんどなく，それぞれの集落自身による復興が中心であった．当時の復興計画では被災集落に対して高台への集団移転を求めたが，その費用は住民自らが支弁しなければならなかったことや，多くの人々が漁業を生業としていることから，ほとんどの集落においては移転が進まなかったとする中島らの指摘[6]などもある．いずれにしても三陸海岸地域にはもともと地形的に住宅を建設できるような高台の土地が少なく，移転するには新たに防波堤を建設し，土地を造成して住宅を建設しなければならないという制約があった．また，農村，漁村においては，居住地域と農地，魚場などの生産地域は連続的に結ばれており不可分であることも，移転を難しくする原因の一つとなっている．いくつかの集落では，移転を進めるに当たって道路建設を同時に行うことにより，遠隔な高台に住宅を移転しても，漁業に支障がないようにしているが，予算制約等によりほとんどの地域ではこうした措置はとられてこなかった．

　さらにソフト面では住宅の移転，あるいは仮設住宅への入居などの際には，地域の共同体の形成を十分に配慮しなければならない点についても留意しなければならない．とりわけ被災者が新しく他地域に移転する際には，公共施設をはじめ，日常生活の必需品を購入できる商店などの整備が不可欠である．さらにいわゆる近所づきあいをしていた地域社会においては，人と人の結びつきも居住環境にとって重要な要素であることも忘れてはならない．

　阪神・淡路大震災の反省からその点については，それ以降に建設された仮設住宅等では配慮されているが，想像を絶する被害を受けた直後に避難所で共同生活を送ったことにより，そこに新たな強い連帯感を持つ共同体が出現し，避難所から新たな住宅への移転の際に配慮しなければならないという指摘もあるので，きめ細かな対応が必要である．

　こうした地域住民の生活や意識も重大な配慮の対象であるが，自然環境の中で生活を営むためには，こうした自然災害の脅威とどのように共存するこ

とができるかを検討して地域づくりを進めていかねばならない．

12.5 自然環境との共存

前述のように，近代化は経済の効率化，合理化の追求を最も優先させてきた．近代化のなかでこのような経済社会のありようを批判したのは少数派にすぎなかった．例えば，1970年代はじめに「Small is Beautiful」を著したE.F. シューマッハは，規模の大きさや，原子力発電の功罪について論じ，先端技術と近代化以前の土着技術の中間に位置する「中間技術」が，土着技術よりはるかに生産性が高い一方で，複雑で高度に資本集約的な現代工業に比べて安上がりであるとしている[7]．さらにこのような中間技術は地域的に取り組むことに適している技術であることを指摘している．いわば，これまでの開発だけでは自然環境の脅威を取り除くことができないのであれば，地域の環境を見据えた適正技術の適用によって共存することを考えていかなければならないという指摘である．

12.5.1 伝承による自然災害の回避

先人たちは技術的，経済的制約があったにせよ，さまざまな工夫によって自然災害も含めて自然環境と共存する方途を探ってきた．とりわけ現在のように情報伝達手段が十分でなかった時代には伝承がその役割を担ってきた．こうした伝承は東日本大震災においても効果が見られたとの報告がある．次にこのようないくつかの事例を紹介しておきたい．

岩手県大槌町栄町に住む女性は，明治三陸大津波を経験した知人から，「津波のときは井戸の水が引いて，ゴボゴボという音がする」という言い伝えを聞いていた．大きな地震の揺れが収まったあと，その言葉を思い出し，井戸を覗いたところ井戸水がこれまで見たことのないくらいに茶色に濁っていたため，すぐに高台に避難して難を逃れたという．

また，仙台平野では津波の浸水域が江戸時代の街道や宿場町の手前で止まっていることが，東北大学の平川新教授の調査で確認されている．平川教授の調査によれば，1611年に起きた慶長津波が仙台平野を襲い，1 783 名が

死亡したという記録があるが，今回の大津波によって地域の宿場町や街道は被害を受けていないことから，津波を想定して整備された可能性があることを指摘している．本章の著者も詳細については調査していないが，名取市内の太子堂地区の古いお堂手前の農地まで津波の痕跡があるのに建物がそのまま残っていることを不思議に思ったことがある．

　岩手県宮古市の重茂半島の東端，姉吉地区の海抜60mに1933年に建てられた石碑には「高き住居は児孫の和楽，想へ惨禍の大津浪」そして「此処より下には家を建てるな」と刻まれている．明治，昭和の大津波でそれぞれ2人，4人しか生き残ることのできなかったこの集落では，常に石碑の言葉を守るように言い伝えられてきたという．現在，12世帯およそ40人が暮らすこの集落の人々は言い伝えに従い，石碑より上の高台に家を建てていたため，今回の津波では家屋流出の被害はなかった．

　その一方で，内陸部にあって巨大な津波を想定した避難場所を想定してい

写真12.2　宮城県東松島市室浜地区の避難路（2011年6月）

なかったために，多くの児童や教職員が犠牲になった石巻市立大川小学校などの例も数多く報告されており，過去の津波による被害が十分に伝承されていないことも明らかになってきている．

12.5.2 自然環境に対して脆弱な技術

　高度な情報化社会においても自然災害によって通信網が寸断したことも忘れてはならない．地域の防災無線が地震による停電により電力供給が非常用電源に切り替わり，地震後の当初は小さな津波被害予測をもとに避難を呼びかけていたが，巨大な津波の発生を伝えなければならないときに電圧が低下，防災無線が沈黙したため，津波の来襲はないものと安心して避難しなかった人々も多くおられたということも聞いた．いずれにしても自然災害は，容赦なく人々の生命・財産を奪っていく．繰り返すがこうした自然災害の脅威に対して発生時期や規模を予測することは現代の科学水準をもってしても難しく，被害を最小に抑えることも技術的に限界があることが明らかになったのである．

12.6　自然環境と共存した地域社会

　東日本大震災による被害は，産業革命以降の無制限に進められてきた工業化による自然環境の開発に対して発せられた警告が現実のこととなった結果であり，自然に対する人間の大きさを認識する契機となったのである．
　このような事態にあって，アメリカの都市の問題を告発したJane B. Jacobsによる道路建設や開発に対する警告などをあらためて適用することが求められている．特にJacobsは人間不在となっている都市空間に対して，自然を取り込んでいくことによる人間性の回復を訴えたが，このように人間の生活空間はあくまで自然の一部であることを認識し，謙虚なものとしなければならないのである．

写真12.3 宮城県名取市閖上地区の住宅の屋根に絡みついたバス（2011年5月）

12.6.1 自然環境と共存する仕組み

　宇沢弘文は自然環境を社会的共通資本としてとらえ，その管理，維持に当たって，社会的管理組織としての「コモンズ（共有地，入会地）」制度の優位性を明らかにしていることにも注目しておきたい．コモンズはハーディンの論文「コモンズの悲劇」に示されているように，個人の所有権が明確に示されていない共有の牧草地は過度に消費されて，やがて枯渇，消滅するというものである．複数の人々が，これ以上利用すれば，全体の条件が悪化することが明らかであっても，各個人は自らの利益を最大化させ，完全に破壊されるまで，そのような行動を止めることはできないというものである．現代に生きる我々は，自らの行動が環境に対して重大な影響を与え，自然環境が有限性をもち，人知を超える存在であることは十分に認識していたはずだが，過度の欲望をもとにした開発を止めることはできなかったのである．津波によって被害を受けた地域の人々もこれまで深刻な被害を受けた事実を認識しなが

らも，それを上回る津波に対して備えが十分とはいえなかった．

　史上最大規模であり，想定をはるかに超えた災害であり，必ずしもすべての被害から回避できなかったことは認めつつも，回避できた被害もあったことは十分に認識しておきたい．

12.6.2　自然環境の中にあるという意識

　人間の活動は自然のそれの中に収めることが必要である．自然を無制限に開発し，利用することによってより多くの被害が発生する．そのために宇沢が指摘するように，自然は社会的共通資本として経済社会全体が自然環境を持続的に維持する方策を探さなければならないのである．そしてその構成要素は統一の原理ではなく，歴史的，経済的，社会的，文化的，自然的な諸条件との関連によって決められるものでなければならない．

　言い換えれば，地域の自然環境および社会環境の諸条件に基づいて地域の開発が行われなければならないのである．そこには，先人からの伝承，経験なども含まれるべきなのである．

　人々は古来から自然を開発し，利用することによって今日の繁栄につなげてきた．しかし，過剰な利用や，地域固有の諸条件を無視してはならないのである．自然は有限であり，すべては有機的に結びついているなかで，人類の活動が許されているのはその一部である．

　自然環境は人々に豊かさをもたらす一方で，地震，津波をはじめ自然災害によって容赦なく財産・生命を奪う存在である．自然は克服するものではなく，人類が歩み寄ることによって共存することができるのである．地域計画・都市計画においてはこうした広い視野が求められ，従来とは異なる総合的・学際的な見識に基づいた持続可能な地域づくりを目指していくべきだろう．

12.7　福島原発が突きつけたそこにある危機

　地震とそれに伴って発生した巨大な津波によって破壊された東京電力（東電）福島第一原子力発電所（福島原発）は，危機的な状況を周辺地域住民はじ

め社会経済に与えた．3月11日の地震による津波の直撃を受けた原発は，その後，水素爆発によって炉心溶融が発生，放射能汚染はチェルノブイリ事故のときと同じように風向きや地形によって不規則な形で広がり，原発周辺地域に住む人々に避難指示が出された．米エネルギー環境調査研究所の報告によれば，第一原発から環境中に放出された放射性物質はスリーマイル島原発事故の14～19万倍，チェルノブイリ事故の10%程度とされている．その影響は自然環境の中で営まれる農林漁業に深刻な影響をもたらす．

12.7.1　農産物への影響

　原発事故によって社会経済への影響は広範囲に広がりをみせることになる．とりわけ原発が立地する福島県は農業が基幹産業であり，食料供給先である首都圏をはじめ日本全国各地への影響が発生した．農業生産物への放射能汚染は実際に汚染されるケースだけではなく，風評による被害も大きい．一部の野菜類等に出荷制限が発表されると，汚染されていない野菜類まで市場価格が暴落した．津波の直撃を受けてから10日後の3月21日には，福島県産をはじめ北関東三県のホウレンソウなどの農産物と福島県産の原乳の出荷停止が政府によって発動された．その後，福島県産の葉物野菜の摂取制限という歴史上初めての措置も発動された．当初，原子力災害対策特別措置法ではこうした出荷規制措置は都道府県単位で行うこととされていたために，県内で汚染のない農産物も影響を受けることになった．とりわけ福島県内の酪農家においては出荷制限を受けても搾乳をやめる訳にはいかず，大量の原乳を廃棄する処理を続けることとなるなど甚大な被害が発生した．

12.7.2　漁業等への影響

　沿岸漁業への影響も大きかった．事故から1か月足らずの4月5日には，茨城県沖で獲れたコウナゴから放射性セシウムが検出されたために，現地の漁協はコウナゴ漁の全面禁止を決めた．それまで魚介類の放射能汚染に対する規制値はなかったが，政府は野菜と同じ暫定規制値を適用することを決定した．しかし，放射能が検出されていない魚介類も市場では敬遠され，操業を続けることが難しい漁業者も出現した．海洋は海外諸国の沿岸とシームレ

スにつながっており，汚染物質の放出が続く限り，周辺諸国だけではなく地球上のすべての地域の生態系に対して影響を与える可能性がある．このほかにも放射能汚染は，原発周辺地域において失業者の発生や観光客の減少など産業界に深刻な影響を与える．

原発事故による被害は福島県だけをみても，県外への避難者が2万3000人を超え，県内の避難者は3万4000人に上るといわれている．原発から30km内で6万人にも上る失業者も発生させるという試算もある．

12.7.3 安全神話とその崩壊

このように原発事故によって臭いも色もない放射能が環境に放出されると，ひそやかに人々の地域経済はじめ広域の経済社会に重篤な影響を与える．我々はこれまで，事故が起きるとは想像していない原子力発電を受容してきた．現代社会の中ではもはや不可欠な存在となっている携帯電話やパソコンは電力なしには使えない．こうした電気を発電する手段には火力，水力等がある．中でも火力は石炭，石油等の化石燃料を燃料にボイラーで水蒸気をつくり，タービンを回すことによって電気を発生させる．ところが発電過程で大量の二酸化炭素（CO_2）を発生させ，地球温暖化に寄与してしまう．一方，原子力発電は，水蒸気によってタービンを回し発電することまでは火力発電と同じ原理であるが，化石燃料を燃焼させないために地球温暖化の促進に寄与することがなく，環境に与える影響が少ない発電方法と呼ばれている．

ところが，火力発電は燃料の供給を止めれば直ちに運転が停止できるのに対して，原発は核分裂連鎖反応によって大量の熱を発生させ，制御棒を挿入してコントロールしている構造となっている．制御棒を挿入し，反応を止めても，それまでに生成された大量の放射性物質が放射線としての熱を発生し続け，これを止めることはできない．しかも原子炉内には燃料が数年分あらかじめ入れられており，事故が発生すると大量の放射能を持つエネルギーが放出され大きな災害となる．東京電力だけではなく，現代の経済社会全体が，事故に対して脆弱だが大量の電力を安定的に供給できる原発を選択してきたのである．

これまで原子力発電については，電力会社は国とともに「安全神話」を吹聴

してきた．多くの人々が原発周辺の自治体に対してどのような理由によって大量の交付金が支払われているのか十分に知らないまま，危険な原発が各地に立地していったのである．東電自身も自らの安全神話によって，万一発生する可能性のある事故への備えを怠り，事故が発生した際の対応策をほとんど持っていなかったのである．

福島原発の事故によって原発の安全神話はもろくも崩れ，周辺の環境に大きな影響を与えた．とりわけ事故が3月の春播き野菜の播種や田植え時期に重なったことから，農業に直接的に大きな影響を与えることとなった．さらに環境に放出された放射性物質は土壌や海洋等に蓄積し，農産物や魚介類を汚染するため，これらを摂取する人体に今後長期間にわたって影響があることは避けられない．著者は原発や放射能の危険性や今後の影響の広がりを予想することはできないが，自然災害に対しては人類がいかに人知を結集してハード面の対策を講じておいても，対応することができないことが明らかになったことは指摘しておきたい．

12.8　自然の脅威の前で求められる謙虚さ

放射能の危険性を回避するため，電源を原発から火力に戻すことには，温室効果ガスの排出による地球温暖化という人類の直面する課題が立ちふさがっており，安易に選択することはできない．大量のエネルギーを局地的に設置された発電方法から供給することには，結果的に社会全体の非効率性につながることが明らかになったのである．このように福島原発事故の原因となった地震・津波のような自然災害に対して，人類はあまりにも非力であることを十分に認識しなければならない．人類が生存を続けていくためには，プラス，マイナス両面の影響を与える自然環境とのかかわりを止めることはできない．今後，人類にとって自然環境は科学や技術によって克服する対象ではなく，共存するための対象であることを認識すべきである．

シューマッハの提唱した中間技術のように，自然環境や災害と共存する最適な技術を社会経済や人々の生活に適用することを図っていかなければならない．そのためには一人ひとりの自然環境に対する価値観や意識の改革が求

12.8 自然の脅威の前で求められる謙虚さ

められる．とりわけ，開発や行政のあり方は，自然環境に対して謙虚であることからはじめ，総合的な視点から再構築することが求められている．

まず，1987年に「開発と環境に関する世界委員会」(World Commission on Environment and Development ; WCED)(通称，ブルントラント委員会)が，しばしば引用していた「持続可能な開発」(Sustainable Development)を行動の規範とすることを改めて強調しておきたい．SDの規範は次の3つである．

① 「社会的な衡平性」 Social Equity
② 「エコロジー的な分別ないし深慮」 Ecological Prudence
③ 「経済的な効率性」 Economic Efficiency

すなわち，自然環境(エコロジー)に対して謙虚でなければ，「開発」は世代間，同世代間において持続可能なものとはならないのである．さらに自然環

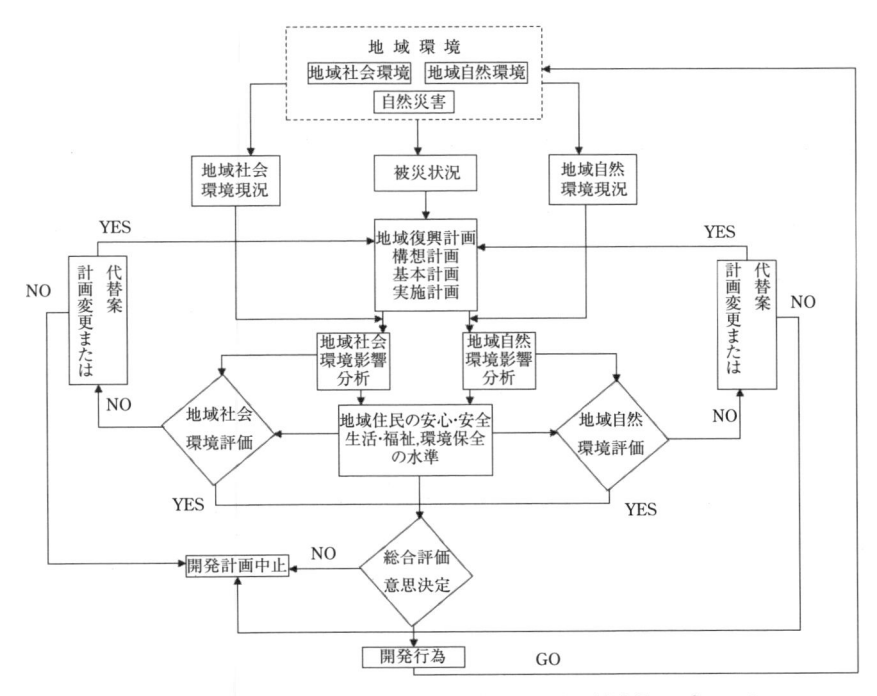

図12.1 持続可能な地域環境・開発計画のための総合的アプローチ
(山村(1979)[4]をもとに本章の著者が作成)

境と共存する地域の開発計画(地域環境・開発計画)は，**図12.1**に示すように広い視点で調査，予測およびそれらの評価を行わなければならない．そのためには，工学，理学をはじめ社会学，経済学，農学，環境学，医学などさまざまな分野の専門家が，総合的，学際的な組織により計画を立案，実施していくことが必要である．このことによって持続的な力強い地域をつくることができる．3.11からの復興においても環境と共存する計画が実現されることを期待したい．

《**参考資料**》

1) 宇沢弘文『社会的共通資本』東京大学出版会，1994
2) 寺西俊一『新しい環境経済政策』東洋経済新報社，2003
3) 福岡克也『エコ・エコノミーを考える』時事通信社，2008
4) 山村悦夫『新体系土木工学53　地域計画（Ⅰ）』技報堂，1979
5) 吉村昭『三陸海岸大津波』文春文庫，2004（原著は『海の壁』中公新書，1970）
6) 中島直人・田中暁子「巨大津波に向き合う都市計画─津波に強いまちづくりにむけて」『都市問題』Vol.102，No.6，2011，pp.4-14
7) Ernst F. Schumacher 著・小島慶三・酒井懋訳『スモール イズ ビューティフル』講談社学術文庫，1986

第13章
外部費用としての原子力発電所災害
—風評被害の検討のために—

13.1 はじめに

　今年3月の福島第一，第二原子力発電所の事故以来，「風評」または「風評被害」という言葉をしばしば耳にする．
　◎ 茨城県のレタスは3月最終週，東京の卸売市場で，昨年の約5分の1の価格となった．（朝日新聞5月1日）
　◎ 福島県内の旅行やホテルは，4月半ばまでに少なくとも約68万人の宿泊キャンセルがあった．（朝日新聞4月26日）
　◎ 大阪府河内長野市の架橋工事で，福島県郡山市の建設会社が製造した橋桁を使うことに，地元住民から放射能汚染への不安の声が上がった．発注元の府は工事を中断した．6日の参議院復興特別委員会で自民党の岩城光英議員がこの問題を取り上げ，「悲しい話だ」と述べた．（中略）野田首相は，科学的知見に基づく安全性の周知徹底を約束し，「万全を期す」とした．（読売新聞10月9日）

　このようなニュースを聞くと，「風評」という言葉に得体のしれない不気味さを感じるが，これに関する政治家の発言もまた押し付けがましいように感じる．これまでの天災や人災にはなかった原子力災害の特徴が，この「風評被害」ではなかろうか．
　原子力災害に伴う風評被害をどのように捉えたらよいのだろうか，この問

題を経済学,特に環境経済学でよく用いられる外部費用の観点から検討してみたい.

13.2　原子力発電所事故に伴う被害と風評被害の現況

　わが国の原子力発電所事故による損害賠償制度は,1961年に制定された原子力損害賠償法に基づいている.これは,万一の原子力事故による被害者の救済等を目的として,民法の損害賠償にかかわる規定の特例を定めたもので,賠償責任を原子力事業者に集中する一方,賠償措置金額を超える損害が発生した場合は政府が原子力事業者に支援を行うほか,損害範囲判定の指針づくりや紛争仲裁のための原子力損害賠償紛争審査会の設置など,政府が事故処理の中心的な役割を担う.

　この法律に基づき,福島原子力発電所の事故後,政府の原子力損害賠償紛争審査会が8月5日,事故後の補償についての「中間指針」を公表した[1].今回の指針づくりで苦慮したと思われるのは,発電所周辺地域から産出される農産物や観光施設などに対して見られた買い控えや予約キャンセルなどによる間接的な経済的損害,いわゆる風評被害の取り扱いである.中間指針では一般的原則として,「過去本件事故と相当因果関係がある損害,すなわち社会通念上当該事故から当該損害が生じるのが合理的かつ相当である範囲のものであれば,原子力損害に含まれるものと考える」として,風評被害も賠償の対象となりうることを示した.さらに中間指針は,風評被害を「報道等により広く知らされた事実によって,商品又はサービスに関する放射性物質による汚染の危険性を懸念した消費者又は取引先により当該商品又はサービスの買い控え,取引停止等をされたために生じた被害を意味するもの」と定義したうえで,「消費者または取引き先が商品またはサービスについて,本件事故による放射性物質による汚染の危険性を懸念し敬遠したくなる心理が平均的,一般的な人を基準として合理性を有しているとみられる場合」には,事故との因果関係があるものとした.

　表13.1は,中間指針をもとに政府の調査委員会が今回の賠償額を暫定的に見積もった結果である.これによると要賠償額の総額は,一過性の損害分

表13.1 福島原子力発電所事故に伴う要賠償額の見通し

項　　目	賠償額（億円）
政府による避難指示など	5 775
いわゆる風評被害	13 039
農林漁業・食品産業（国内）	8 339
農林漁業・食品産業（輸出）	651
観光業	3 367
製造業・サービス業	684
いわゆる間接被害	7 370
総額（一過性の損害分）	26 184

出典：東京電力に関する経営・財務調査委員会報告，2011[2)]

として約2兆6184億円，その内訳は，約半分の約1兆3039億円が「いわゆる風評被害」であり，風評被害の規模の巨大さを如実に示している．中でも大きいのが食品関連の8990億円（輸出分を含む）で，続いて観光業の3367億円と，この二者がいわゆる風評被害推定額の95％を占めている．表にあげた一過性の損害のほか，年度ごとに発生しうる損害分としては，2011年度分1兆246億円，翌年度以降単年度分として8972億円となっている．

これまで風評被害による経済的損失は損害賠償の対象になりにくいケースが多かったことを考えると，政府の中間指針は風評被害を正面から捉えたものとして画期的なものと言えよう．同時に，風評被害が原子力事故以外の汚染事案についても繰り返される可能性があることを考えると，これからの同種の災害時に備えて風評被害に対する考え方をきちんと整理しておく必要があるだろう．

13.3　風評被害の定義

先に話を進める前に，風評とは何か，その意味を定義しておかなければならない．風評という言葉は，世間一般の評判，人口に膾炙されることで伝えられる事物の評価を表す言葉である．しかし，メディアなどで使われるもう少し限定的な意味では，風評は「うわさ」，しばしば「根拠のないまたは事実

と異なるうわさ」を指すことが多い．前者は広義の風評，後者は狭義の風評と考えられるだろう．後者の定義に基づいて，風評被害を「事実ではないのにうわさによってそれが事実のように世間に受け取られ被害をこうむること」[3]と定義して，普通に生産された商品が「本当は安全」なのに買い控えられることにより風評被害となる[4]と考えることも可能である．しかし，本章では風評被害を広く捉えた中間指針の定義に準じて，報道等により事実が広く知らされた結果，汚染の危険性を懸念した消費者または取引先が商品またはサービスを買い控えたために生じる損失および収入の減少と定義することにする．このような広い定義に対して，「本当は安全」なのに買い控えられるという意味の風評被害は「狭義の風評被害」として，本章では区別して使うこととしたい．同様に「風評」についても，基本的には広義の意味で用いることとする．

13.4　買い控えによる外部費用の性格

　企業や個人が活動した結果，外部の第三者にふりかかる経済的損害は外部費用と呼ばれ，その逆の現象である外部便益とひっくるめて，取引や契約の範囲外に活動の影響が及ぶ現象は外部性と呼ばれる．外部費用が発生すると「市場の失敗」が起こるため，これを防ぐために「原因者（汚染者）負担の原則」に従って外部費用を内部化することが望ましいと経済学は教える．しかし，実はそのようなことが望ましいのは技術的外部費用の場合だけである．

　技術的外部性（technical externality）とは，原因者の活動の影響が直接に他の企業の生産活動や消費者の効用の変化として現れるタイプの外部への影響であり，特に限定を付けずに外部性という場合は，普通この技術的外部性を意味する．技術的外部性の典型的な例が，企業の環境汚染による損害であるが，この場合，汚染企業は個人の健康を害したり，他の企業の生産活動を阻害したりなどの直接的な損害を与える（図13-1　A）．

　これに対して，もう一つの外部性である金銭的外部性（pecuniary externality）は，外部への影響が市場の価格変化を通じて間接的に現れるものを指す．「金銭的」という表現は直訳的で誤解されやすいが，現金の形で明示的に

13.4 買い控えによる外部費用の性格

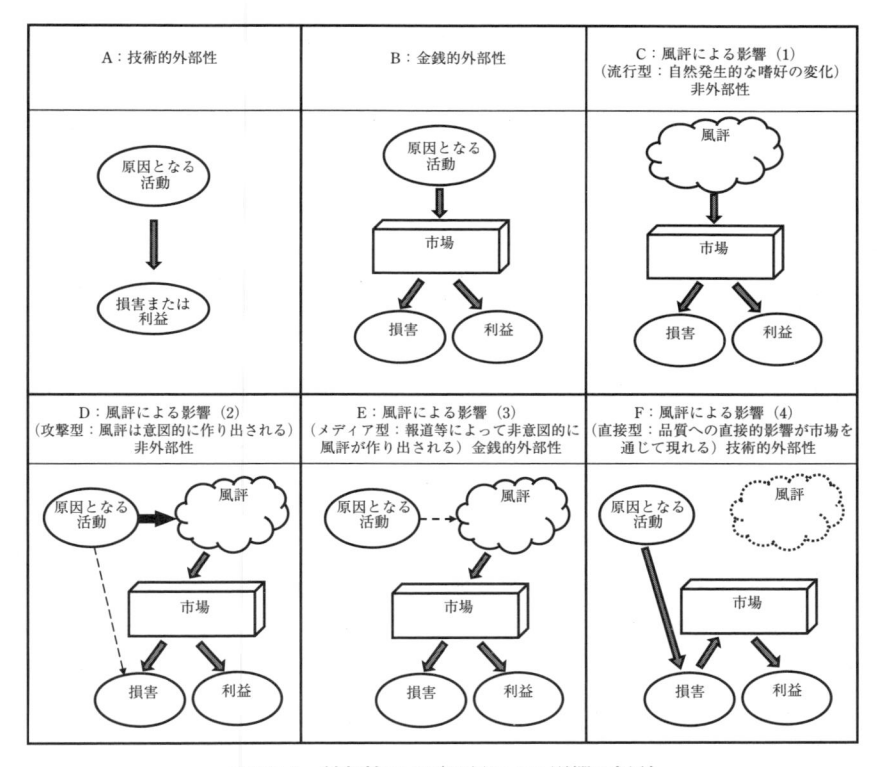

A：技術的外部性	B：金銭的外部性	C：風評による影響 (1) (流行型：自然発生的な嗜好の変化) 非外部性
原因となる活動 → 損害または利益	原因となる活動 → 市場 → 損害／利益	風評 → 市場 → 損害／利益
D：風評による影響 (2) (攻撃型：風評は意図的に作り出される) 非外部性	E：風評による影響 (3) (メディア型：報道等によって非意図的に風評が作り出される) 金銭的外部性	F：風評による影響 (4) (直接型：品質への直接的影響が市場を通じて現れる) 技術的外部性
原因となる活動 → 風評 → 市場 → 損害／利益	原因となる活動 --→ 風評 → 市場 → 損害／利益	原因となる活動 → 市場 → 損害／利益（風評は関与せず）

図13.1 外部性および風評による影響の類型

やり取りされるものではなく，影響が収入や支出の変化となって間接的に現れるような外部性を指す．金銭的外部性の例としては，次のようなものをあげることができる．

◎ 都市の富裕層が別荘用地を買いあさったため，周辺地域の地価が高騰し，地元の新婚夫婦の住宅取得費が増大した．

◎ A氏が特定ヴィンテージの高級ワインを買ったため，B氏の同ワインの購入価格が上昇した．

このように，金銭的外部性による変化の本質は，市場における財の希少性の変化と考えられる．希少性の変化によって起こった市場価格の変化によっては，一方で損失を受けるものがあり，他方では利益を受けるものもある

(図13-1 B).しかし社会全体で見ると財そのものが増えたり減ったりするのではないため,金銭的外部性の存在によって社会の豊かさは変化しない.そのため,一方で生じた損失は他方で生じた利益と相殺される結果となるが,これも金銭的外部性の特徴である.

　技術的外部費用と異なり金銭的外部費用の場合,原因者による外部費用の内部化(原因者負担の原則)は不要である.なぜならば技術的外部費用の場合,社会的費用と私的費用がかい離してパレート最適状態が崩れるのに対して,金銭的外部費用の場合は外部事情の変化の影響は財の市場価格に反映されるため,パレート最適状態が保たれるためである.そのため金銭的外部性の存在は市場の失敗を意味しない.この事実が長い間の論争を経て確認されるや,金銭的外部性に対する経済学者の関心は薄れた[5].しかし近年,金銭的外部性に伴う被害者と受益者との間に補償金の支払い事例が見出され,金銭的外部性をめぐる議論は再び活発化する兆しが見られる[6].

　それはさておき,市場を介して現れる被害が金銭的外部性と考えるならば,市場における消費者の買い控えによって生まれる風評被害は,まさに金銭的外部性であるかのように見える.風評被害が金銭的外部性であるのなら,風評被害を引き起こした原因者が被害者に対して行う損害賠償は,パレート的観点からは「不必要な」補償行為であるということになる.この奇妙な命題の妥当性を検討するためには,もう少し詳しく外部性の意味するところに分け入る必要がある.注意すべきポイントは三つある.

　① 現れた影響に関して原因者と被害者をつなぐ因果関係があるか
　② 影響が取引や契約の範囲外の第三者に及ぼされたものか
　③ 被害が市場の変化によるものか,直接に及ぼされるものか

　まず①の原因者と被害者をつなぐ因果関係の存在について考えてみよう.発生した被害の原因者を特定するような因果関係が見出されなければ,外部性も存在しないということになるが,実はそれ以前に問題になるのはそもそも特定の原因者が存在するのかという点である.もし被害に原因者が存在しないのであれば,現れた損害を外部性という概念で説明することはできないからである.

　原因者が存在しないような市場の変化の一例が「流行」であろう.「はやり

廃りはこの世の常」といわれるが，例えば10年ほど前のルーズソックスや近年の通勤用自転車などのように，消費社会で起きる「流行」によって商品は突如として飛ぶように売れ出し，別の商品は見向きもされなくなる．流行による消費者の気まぐれな嗜好の変化の多くは自然発生的なもので，たとえ流行の発端に特定の仕掛け人の存在があったとしても，その役割は流行の初期に引き金を引くという限定的なものであることが多く，流行の主役はあくまでも消費者あるいは社会そのものであり，変化は市場を通じて現れる．

特定の原因者が不在であるような市場の変化においては，原因者の存在によって定義される「内部」と「外部」の差もまた存在しないため，外部性の概念で説明することは難しい（**図13-1　C**）．自然発生的な風評による被害は，このタイプに属するものと考えてよいだろう．例えば，社会不安やパニック的な反応などによって広がった1973年のトイレットペーパー騒ぎによる消費者被害などこれに当たる．

しかしこれとは逆に，世間のうわさが人為的に作り出されるというケースもまた存在する．ある種の団体や個人が特定の企業や製品に対して不買などのキャンペーンを起こすような例がそれである．例えば2010年，自然保護団体のグリーンピースは，ネスレ社とその商品キットカットが森のオランウータンを死に追いやるシーンを写したビデオをインターネット上に流した．これを見た消費者の多くが不快に感じ，キットカットに対する買い控えも広がった．グリーンピースは，ネスレ社がオランウータンの生息地である熱帯雨林を不当に切り開いて開発されたプランテーションから原料のパーム油を購入していたことをあげ，これに抗議するためにこのような行動を起こしたと主張しているが，このような企業への攻撃は，フェイスブックなどの通信メディアの発達とともに増加する傾向にある．この場合，原因者が存在して人為的な風評を作り出したという因果関係は明白であるものの，偶然その影響が第三者に及んだものではない．風評を作り出したグループの目的はターゲット企業への攻撃それ自体であり，原因者と被害者の関係は1対1の対決の構図となっている．このような攻撃によって被害が生じたとしても，それは「外部の第三者への影響」を意味する外部性とは次元の異なった紛争の現象と考える必要があるだろうし，紛争の解決も司法や当事者どうしの協議など

の公式かつ直接的な手段にゆだねられる(図13-1　D).

　さらに上にあげた例の中間的なケースとして,発信源からニュースや研究成果が公表された結果,思わぬ風評が生まれて市場に影響が現れるという場合がある(図13-1　E).例えば2005年に,あるテレビの情報番組で「寒天」の知られていなかった健康効果が紹介されたところ,放送後に消費者がスーパーなどに殺到して寒天が店頭から姿を消し,これを原料として使う和菓子業者などに大きな影響が出たというケースがあった.メディアによるこのような報道は,研究の結果見出された新事実を伝えるものであるが,報道の結果として人々の購買行動に思わぬ変化が生まれた例である.この場合,報道と経済的被害との間には因果関係を認めることができるが,それは故意によるものというよりは副次的な関係である.ただ,なかには一見中立的な研究活動の根底に研究者個人やグループの信念が隠れている場合もあるだろうし,彼らはその成果を伝えることによって一般大衆の行動を変えたいと願っているケースもあるだろう.しかし,それは必ずしも経済的動機に基づくものではなく,研究者やメディアが直接的な人々の行動変化で経済的利益を受ける例はまれである.したがって副次的な影響である点に着目すると,研究成果やメディアの報道によって第三者に損害や利益が生まれるような現象は外部性の範疇に入り,影響が市場を通じて現れていることから金銭的外部性であると判断できるだろう.

　最後に③のポイント,経済的被害が市場の変化によるものか直接に及ぼされるものかを考えるためには,技術的外部性と金銭的外部性をきちんと定義し直す必要がある.

　金銭的外部性は,技術的外部性がピグーによって発見されるより早く,ピグーの前任のケンブリッジ大学経済学教授,A. マーシャルによって発見された.金銭的外部性と技術的外部性の機能上の差に関する長い論争に大きな影響を与え,両者の差を明確に定義したのがシトフスキー(1954)[7]である.シトフスキーは,ある企業の生産活動が他の企業の生産活動に与える影響に着目し,次のような生産関数を考えた.

$$q_1 = f(x_1, y_1, \cdots ; q_2, x_2, y_2, \cdots)$$

ここで，企業 i は投入財 $(x_i, y_i, \cdots)$ を利用して財を q_i だけ生産しているとする．もし企業2が企業1の生産に対して影響を与えたとき，

$$\frac{\partial q_1}{\partial q_2}=0, \quad \frac{\partial q_1}{\partial x_2}=0, \quad \frac{\partial q_1}{\partial y_2}=0, \cdots$$

のすべてが成り立つのであれば，企業2の企業1に対する影響は金銭的外部性であり，いずれかが成り立たない(つまりゼロ以外の値を取る)のであれば，それは技術的外部性であると，彼は定義した．

この定義によれば，企業の生産活動に使われる原材料やその結果としての製品の内容や生産高に直接影響が及べば，それは技術的外部性であることになる．これを敷衍すれば，消費者の商品に対する「効用」が変化する，すなわち効用関数が直接的に変化するのであればそれもまた技術的外部性と考えることができる．つまり，製品の中味や品質が変化すれば，それは技術的外部性であるということになる．

原子力事故後の放射能汚染の影響を考えてみよう．発電所から放出された放射性物質は，東北から関東地方にかけて広い範囲を汚染したことは事実であって風評ではない．放射能は長い時間を経て健康への悪影響が現れることもまた，よく知られた事実である．放射能に汚染された地域から産出される農産物や観光サービスの性格は，風評を待つまでもなく残念ながら大きく変わったと考えざるをえないだろう．消費者にとっては，たとえ放射能汚染の程度に差があり，汚染による影響が確定的とはいえないにせよ，汚染地域の商品には無視できない健康上のリスクが加わったと認知される．これは商品にとって大きなマイナス要素であり品質の劣化である．また，そのような品質の劣化は，商品を一級品から等外品まで分けたときの等級ごとの生産数量の変化と考えることもできる．事故によるそのような品質変化は市場を通してではなく，直接的かつ物理的に商品に及ぼされたと考えられる．

このように考えると，原子力事故の結果発生した第三者の経済的損害は，影響が商品に直接及んでその中味や品質が変わったことによるものであるため，技術的外部性に属すると判断することができる(**図13-1** F)．このようなことは，例えば工場排水によって魚が汚染されて売れ行きが落ち込むことによる漁民の損害や，大気汚染のために天日干しの干物の品質が低下する

ことによる加工業者の損害も同様で,いずれも技術的外部性と考えられる.

損害が技術的外部性であるならば,放射能汚染の原因者である東京電力に対する汚染者負担の原則の適用は妥当であり,より広い意味では電気事業者,原子力行政を推進してきた政府やそれを支えてきた国民もまた,原子力発電所から生まれた外部費用を負担すべきであるということになる.結局,我々はある意味で自明な結論にたどり着いたといえるだろう.

以上まとめると,主として市場における買い控えの結果として現れる風評被害には少なくとも次の四つのパターンがあることがわかった.

① 流行型(非外部性):被害を作り出した特定の原因者が不在で,消費者や社会一般の嗜好の自然発生的な変化によって損害や利益が生まれるもの.

② 攻撃型(非外部性):特定の団体または個人が,別の企業や個人を攻撃する目的で,意図的にそれらに不利益をもたらす情報をネット等に流すもの.

③ メディア型(金銭的外部性):知られていない事実をメディアなどが報道した結果,一般の関心が集まった商品が買われたり買い控えられたりするもの.

④ 直接型(技術的外部性):原因者により,第三者の商品の品質やリスクに直接的な影響が及ぶもの.福島原子力発電所周辺地域に生じた「いわゆる風評被害」の多くは,この直接型に属すると考えられる.

パレート的観点から見ると,それぞれ補償のあり方も異なってくる.原因者負担の原則を適用すべき技術的外部性に当たるのは④の直接型のみであり,それ以外については同原則をそのまま適用することはできない.②の攻撃型については,対立した当事者にそれぞれの主張があるため,その解決のためには当事者同士の対話や司法の手続きに委ねるなど外部性とは別のアプローチが必要であろう.

最後に一つだけ補足しておきたい.それは今回の原子力事故に伴う風評被害が直接型の技術的外部性であるとはいっても,その影響が市場を通じて現れているという点である.そのため事故後の変化によっては,損害を受ける者と同時に利益を受ける者が生まれている.特定産地の商品の安全性へ不安

が生じたとしても，一般消費者は食事の回数を減らすことで対応するとは考えにくいから，特定の産地で減少した食料品の需要は他の産地で代替されるためである．このような影響は，例えば他府県産の 2011 年新米価格や古米価格の上昇という形で実際に現れている．

利益を受ける側もあるという点に着目するならば，風評被害が起こった際の補償の幅を広げる方法の一つとして，「風評保険」または「風評基金」制度を考えることができよう．風評で利益を受ける側が，タナボタ利益に相当する分を積立てることによって，自分が不幸な風評被害にあった場合の損害を補償し痛みを分け合う仕組みである．

風評による被害は需要が途絶えるため，それがいったん生まれると被害を受けた企業や産地の存続が困難になる恐れがある．しかも，①の流行型や③のメディア型の大きな風評被害が発生した場合，どこからも補償を受けられなくなる可能性が強い．このような不測の事態に対してあらかじめ損害保険型の風評保険を準備しておけば，万一の場合にもそこから保険金が支払われるため損害が補償され事業の継続が可能となる．風評被害が発生した場合は，被害と同時にタナボタ式の利益もまた生まれるので，被害者が救済されると同時に，一般の保険加入者には払い込んだ保険料が風評利益の形で戻ってくることになる．つまり，生産者は風評利益の相当分を保険料として積み立てておけば，特別の追加的負担なしに（または最小限の事務的負担のみで）風評被害に備えられるということである．具体的な「風評保険」の制度設計には，性格は多少異なるものの現在すでに実施されている製造物責任法（PL 法）に対応した PL 保険制度があり，参考になるのではなかろうか．

13.5 結　論

今回の福島原子力発電所の事故においては，風評被害が新たな災害被害の主役として登場したことが特徴である．本章では外部費用という観点から風評被害の性格について検討したが，その結果は以下のように要約できる．

① 風評被害の補償を考える際には，原因者負担の原則を適用すべき技術的外部性と，適用する必要のない金銭的外部性，さらには外部性とは

無縁な非外部性をきちんと区別する必要がある．
② 風評被害には，本章で仮に流行型，攻撃型，メディア型，直接型と呼んだ四つのパターンがある．
③ 風評被害には原因者負担の原則を適用することができないものがある．今後も繰り返されると予想される風評被害に対する補償の幅を広げる方法の一つとして，受益者と被害者が同時に現れるという点に着目した「風評保険」または「風評基金」制度の新設を提案できよう．

《参考資料》

1) 原子力損害賠償紛争審査会「東京電力株式会社福島第一，第二原子力発電所事故による原子力損害の範囲の判定等に関する中間指針」2011.8.5
2) 東京電力に関する経営・財務調査委員会「委員会報告」2011.10.3
3) 藤竹暁「マスメディア」『情報・知識　IMIDAS 2000』2000，pp.618-625
4) 関谷直也「『風評被害』の社会心理―『風評被害』と実態とそのメカニズム」『災害情報』日本災害情報学会，No.1，2003，pp.78-89
5) 柴田弘文『環境経済学』東洋経済新報社，2002
6) Randall G. Holcombe and Russell S. Sobel, "Public policy toward pecuniary externalities", Public Finance Review, Vol.29, No.4, 2001, pp.304-325
7) Tibor Scitovski, "Two concepts of external economies", Journal of Political Economy, Vol.62, No.2, 1954, pp.143-151

第14章
東日本大震災の復興と原発事故
—南相馬市の現状と復興に向けた取り組み—

14.1　はじめに

　2011年3月11日の東日本大震災の復興に向けて，5月時点で国土交通省は，被害の大きい岩手，宮城，福島の東北3県（その後，沿岸6県に拡張）の被災状況の把握と復興プラン作成のための調査を約30の地区で開始した（正式名称：「津波被災市街地復興手法検討調査」，2011年12月時点で62市町村で実施）．委託を受けた都市計画コンサルタント各社は，都市計画，都市開発の有識者を作業監理員として招聘し，助言を得つつ，プラン作成に邁進している．本章の著者は，福島県南相馬市の復興プラン作成に参画することになったものである．各地の被災状況はさまざまであるが，平安朝貞観期以来といわれる津波被害の大きさは，まさに未曽有のものがあり，南相馬市の被災現地の光景には，呆然自失という言葉しか思い浮かばなかった．いまだ多数の行方不明者の埋葬も済んでいないなかではあるが，復興プラン作成の動きと南相馬市が直面している課題を報告しておきたい．

　被害状況に差はあるとはいえ，被災都市の中で比較的早く復興プランに着手できた自治体もあれば，東京電力福島第一原子力発電所の事故による放射能の汚染被害のため，住民と行政職員が避難を余儀なくされ，10月末時点においてさえ，復興プラン作成に全く着手する状況にない自治体市も存在する．南相馬市は，その中間的な状況にあるといえよう．市域南部（旧小高町

全域と旧原町市の一部が該当)が「警戒区域」に指定され，住民の避難は継続している．一方，中央部(旧原町市の大半と旧鹿島町の一部が該当)は，9月30日に解除された「緊急時避難準備区域」であったため，乳幼児や児童等の避難に加えて，医療機能を担う人材の流出の影響が大きく，日常生活にも相当の困難がある．しかし，放射線の被曝に対する不安を抱えつつも住民は，日常生活に復帰しつつあるように見受けられる(10月17日には，緊急時避難準備区域を解除された原町区内の小中学校が再開された)．

さらに，北部(旧鹿島町の大部分が該当)は津波の被害は大きかったものの，原発から30km以上の離れているため，特に放射能汚染に関する区域の指定はされていない[1](**図14.1** 参照)．

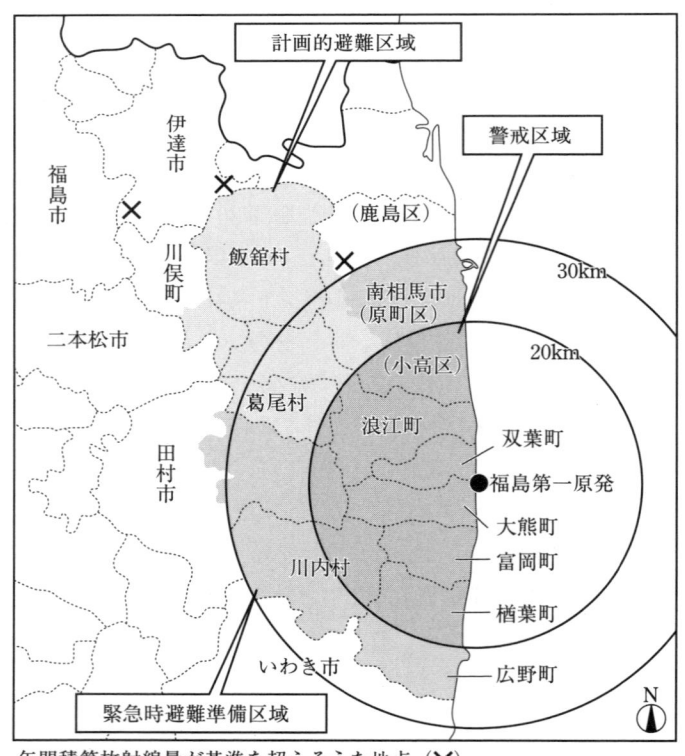

図14.1 南相馬市と原発被害の位置関係[2]

14.2 南相馬市の概況と地震と津波の被災状況

　福島県の浜通りの中央北寄りに位置する南相馬市は，旧原町市と北の鹿島町，南の小高町が2006（平成18）年に合併して誕生した．現在，地域自治区制を採用し，旧市町に対して区の呼称を用いているため，本稿でもこれにならっている．福島第一原発の立地する大熊町，双葉町とは浪江町を挟んで隣接しており，有名な伝統行事である「野馬追」が，北隣にある相馬市の相馬中村神社と南相馬市原町区の相馬太田神社，同小高区の相馬小高神社の三つの妙見神の神事であるといえば，いわゆる「相双地区」の位置関係がおおよそイメージできよう．さて，南相馬市の津波による被害者数は約700名（2011年5月18日現在）であり（表14.1），住宅家屋についての被害は，罹災世帯数で，1 412戸（全壊・大規模半壊，半壊，一部損壊）に上る[3]．

表14.1　東日本大震災による南相馬市の人的被害（5月時点）

死者	540人	
行方不明者	225人	（避難などによる所在不明者を含む）
負傷者	225人	重傷者　2人，軽症者　57人

14.3 復興プラン作成に向けた取り組み

14.3.1 被災地行政体の実情

　津波による被害の甚大さについては，すでに報道されているところでもあり，これ以上触れない．しかし，自衛隊，警察，消防等関係者の献身的な救難活動，中でも放射能被曝の危険を冒しての被災者の救援や遺体収容の努力があったことを忘れてはならないだろう．また，食糧，医療品，燃料等の救援物資の搬入，避難所の開設，運営等々，現在までも続く救援活動についても，日々マスメディアを通じて国民に報道され，また，支援のボランティア活動も途切れることなく継続している．

　言うまでもないが，今回の震災被害地区では，自治体職員自らも被災者で

あり，家族や親族を失い，あるいは避難させているなか，現地に踏みとどまり，避難した住民の支援のため文字どおり献身的な努力を続けているのである．

14.3.2 復興プラン作成の経緯

　南相馬市が，放射能汚染という目に見えない恐怖の中で復興プランの策定に向けて本格的に動き出したのは，6月段階のことである．それも被災住民の避難先の確保，支援物資の配給，義捐金事務等について，職員のマンパワーの限界を超えた業務を進めながらのことである．そうした動きを時系列的に整理してみると**表14.2**のようになる．

　表14.2に基づき，著者なりに復旧・復興に向けた動きをまとめると，以下のようになる．

（1）原発事故による全面的避難期間（3.11～4月末）

　7万人の人口が1万人程に減少し，原発の放射能汚染を恐れて，物資の搬入もままならなかった時期である（この時点の正確な人口は把握できない）．また，国際原子力事象評価尺度（INES）による評価は，当初のレベル4から，4月12日には最悪のレベル7まで深刻化した．住民は命を守るため，避難する以外の選択肢はなかったのである．特に，児童生徒の健康を守るため原町区の小中学校は，全面的閉鎖にまで追い込まれていた．

（2）復旧に向けた準備期間（5月～6月末）

　5月の連休明け以降は，わずかに落ち着きを取り戻し，5月末には警戒区域である小高区に防護服を着用した一部住民の短期間の帰宅が叶えられた．また，5月末には市内の仮設住宅への入居も開始された．こうした混乱の中，南相馬市当局は，復興に向けた住民意向調査に着手したのである．国交省調査を受託した都市計画コンサルタントは，被害状況調査と併せ，南相馬市の調査に全面的に協力し，復興プラン作成に向けて短期間での意見集約を支援することとなった．

（3）復旧・復興計画の策定期間（7月～10月上旬）

　南相馬市は，復興計画に市民の意見を反映させるため，地域や職域の代表者（学識者等を若干名含む）24名（当初25名）からなる「南相馬市復興市民会

14.3 復興プラン作成に向けた取り組み

表14.2 南相馬市への原発事故の影響と復興に向けた動き

月日	政府の原発事故への対応と生産活動などへの影響	南相馬市の市民生活の推移と復興に向けた動き
3.11	地震による稼働停止と津波による非常用電源の停止	地震および津波発生による市域東部の壊滅（総人口：71 557人，小高区12 838人，原町区47 115人，鹿島区11 604人）
3.12	経済産業省原子力安全・保安院「事故レベル4」と発表	
3.15		市民の県外退避開始（主に新潟・群馬方面へ）（避難誘導活動：3.15～3.17，3.18～3.20，3.25）
3.18	同上「事故レベル5」と発表	
3.21	福島県の食品の出荷制限指示	
3.25		市内住民に「自主的圏外退避」の呼びかけ（約5万人が避難）
3.26		桜井市長YouTubeにより医療・食料品の不足の情報発信（人口1万人まで減少か？）
3.26		被害把握：死者301人，行方不明者約1 180人，破壊された世帯約1 800
4.5		被害把握：死者403人，行方不明者1 071人，避難者約5 000人（群馬，新潟県ほか避難所24か所）
4.6	気象庁による放射性物質の拡散予測の公表	
4.12	経済産業省原子力安全・保安院「事故レベル7」と発表	
4.17	東京電力が事故の収束に向けたロードマップ発表	
4.21	原子力災害対策特別措置法§20-③に基づき，20km圏内を警戒区域に指定（22日発動）	一部例外を除き一般人の立ち入りが法的に禁止
4.22	20km～30km圏内の屋内退避指示の解除，20km圏内を警戒区域，30km圏内を緊急時避難準備区域に指定．内閣総理大臣は市長に上記通達と同時に避難もしくは屋内退避のための準備の指示	小高区全域が警戒区域，原町区のほぼ全域が緊急時避難準備区域となる 市教委は区域内の小中学校を閉鎖，児童・生徒は30km圏外の小中学校の空き教室などを利用して授業．屋外活動は全面的に禁止
5.7	原子力災害現地対策本部による警戒区域内への住民の一時立入りを5月下旬ごろから順次実施と発表	
5.11	福島県の野菜類の一部出荷・摂取制限を解除	
5.28		第1期仮設住宅入居開始

月日	政府の原発事故への対応と生産活動などへの影響	南相馬市の市民生活の推移と復興に向けた動き
6.1	警戒区域内自動車の持ち出しの制限付き許可	南相馬市民38人が放射線防護服を着用し警戒区域内立入
6.10		国交省復興関連調査第1回現地事務局会議
6.21		復興に向けた市民意識意向調査の実施
7.2		第1回南相馬市復興市民会議
7.13		避難者帰還計画の発表（市外避難者約32 000人対象，8.12作成）
7.14	食肉の出荷制限指示	「新たな発想による事業事例の研究―経済復興計画の策定に向けて―」作成
7.17		第2回南相馬市復興市民会議
7.21	南相馬市の57地点（59世帯）に「特定避難勧奨地点」の指定	
7.22		線量調査をした112世帯に説明会を開催
7.23		相馬野馬追の縮小実施（～7.25）
7.31		第1回南相馬市復興有識者会議
8.1		南相馬市立総合病院の常勤医師数が半減：10/21（稼働ベッド数：285/1 329）
8.3	原子力災害現地本部が南相馬市の65地点（72世帯）を特定避難勧奨地点に指定	
8.6		第3回南相馬市復興市民会議
8.25		被災者への住宅意向調査の開始（～9.2）
9.7	一部農産物出荷制限を20km以内に限定	
9.30	緊急時避難準備区域の解除	
10.1		第4回南相馬市復興市民会議
10.5		第5回南相馬市復興市民会議
10.8		第2回南相馬市復興有識者会議
10.17		原町区内5小中学校授業再開（児童生徒数：約1 000/2 200）
10.20		群馬県内の避難所の閉鎖 現住人口：41 830人（小高区0人，原町区29 069人，鹿島区12 761人） 自宅居住者：33 037人，市外避難者：24 736人
10.29	除染作業による汚染土などの中間貯蔵施設整備のための工程表発表	
11.2		第6回南相馬市復興市民会議

新聞等と南相馬市HPから著者作成

議」を発足させ，2か月間で5回の討議を行った．一連の行政の対応や放射能の除染という緊急対策の議論に多くの時間を費やしたが，徐々に復興に向けた意見も交わされ，復興ビジョンが固まっていった時期でもある．また，並行して「南相馬市復興有識者会議」も2回にわたり開催され，津波対策や再生可能エネルギーの開発も含めた「将来のまちづくり」に向けたアイデアが議論された．

（4）復旧・復興の開始（10月〜）

9月末の緊急時避難準備区域の解除を受けて，中旬には小中学校の授業が再開された（警戒区域である小高区を除く）．しかし，市内の居住人口は4万人程度にすぎない．一方，市民自らもコミュニティの除染活動に取り組み始めている．学校等教育施設の除染が進むにつれて，今後，市民の復帰が徐々に進んで行くことが期待される．

14.3.3　復興プラン作成の動き

住民の被害状況の把握は比較的早い段階で行われていたが，今後のまちづくりに向けて，南相馬市当局が，津波の被害にあった住民の現地への復帰の意向や転居を希望する場合の移転先などを把握する作業から始めたことは，順当な対応といえよう．そうしたなか，国土交通省の調査が動きだしたのである．各行政機関担当者，コンサルタントを交えた初めての連絡会議が南相馬市庁舎において開催されたのは，6月10日のことであった．調査活動は，津波被害の実態把握と並行して，住民の意向調査の準備を進めていた市当局を支援する形で始まった．調査内容は，既存の総合計画を踏まえつつ，今回の災害の教訓を踏また将来のまちづくりの方向性について市民の意向を把握するものとなった．

一方，復興プラン作成に向けて，首長のリーダーシップの下，市民の代表と有識者を交えた「復興市民会議」が開催されたのは，まだ，人心も落ち着かない7月2日のことであった．また，各界の専門家による「復興有識者会議」も並行して設置された．後者は，放射線医療，地域経済，自然エネルギー，都市計画等の専門家や地方都市の活性化の経験者等からなり，市民会議と連携して，将来の地域の姿として，原子力に依存しない都市のあり方を提言す

る役目も期待されていた．

14.4 復興に向けた取り組み

14.4.1 復興プランの戦略

　当初，復興市民会議において市民代表から発言された主な内容は，放射能汚染に対する不安と行政の対応への不満であった．目前の差し迫った危険に直面している状況下で，住民の意識を次のステップである復興プラン作成に向けて行くという試みは，おそらくわが国でも初めての経験ではないかと思う．

　そうした状況下で，市当局から「住民全員の復帰を何よりも優先する」という決意表明がなされたことの意義は大きかった．復旧・復興に優先して「復帰」のプログラムを位置づけるという，いわば，戦略目標が明確にされ，それを住民代表が確認することができたからである．しかしながら，復興プランの策定に向けて市民が足並みをそろえることは容易ではなかったように感じる．これは，冒頭でも述べたように市の区域が，放射能被害に対して「警戒区域」「緊急時避難準備区域」，そして「未指定区域」に分断されていたことが，最大の理由であろう．

　特に，南部の小高区の住民は避難して以来，数か月間，ほとんど自宅に入ることさえままならい状態であった．例えば，地震により損傷した屋根からの雨漏りにより，住宅の劣化が進んでいるにも関わらず，修理することもできないのである．何よりも大きな課題は，資産の劣化以前の問題として，避難が収束し，帰宅した時点での居住の可能性そのものが，不確かなことである．商店街の各店舗も同様に食料品販売店は腐敗した品物の撤去すらできず，その他の店舗や企業においても商品の在庫は事実上，失われている．

　一方，小高区以外の市民も復興プランの策定の重要性は理解しながら，目前の放射能の除染対策のほうが，はるかに重要な関心事であった．特に，就学児童の通う学校施設の除染は喫緊の課題であり，震災や津波の被害からようやく免れたからといっても，安心して日常生活を送る状況にはないのである．

14.4.2 復興有識者会議の役割

7月31日の第1回目の復興有識者会議において，福島県三春町に住む小説家玄侑宗久氏は，市民の日常生活を聞き取り，宗教家の直観として，「安全と安心は違う」という指摘をした．著者なりに理解すれば，市民が求めていることは，「安心したい，そのために安全な状態を確保して欲しい」あるいは「安心したい，そのために安全であることを証明して欲しい」という切なる願いであろう．安心と安全については，すでに多くの研究者が論じている事項であり，その具体的な対応策が議論されているなかでの今回の被災であったといえる．この問題については，次節でやや詳しく論じたい．

同じく重要な指摘は，他地域へ避難している市民のすべてが戻ることができるかどうかという問題である．「警戒区域」や「緊急時避難準備区域」の指定をされ，放射能汚染の影響の残るなかでの乳幼児，児童の日常生活への復帰は保護者にとって重要な判断を求められる事項である．さらに，雇用の問題が大きいことは言うまでもない．

また，放射能汚染されたことの意味は，経済活動の再開に向けてどれほど大きな障害になるか，風評被害も含めれば，想定すら難しいものがある．当初は，復興市民会議も有識者会議も現状復帰を進めるうえでの条件が，何ら整っていないことを改めて認識する場とならざるをえなかったといえる．しかし，放射能との関わりをポジティブにとらえ，内部被曝量等の医学的に貴重なデータが蓄積されたことを基礎にして放射線に関する一大医療研究拠点の整備なども提案された．

14.4.3 市民の共通認識としての「復興ビジョン」の策定

8月6日の第3回復興市民会議では過去の議論を踏まえて，復興のスローガンとして「心を一つに世界に誇る南相馬の再興を」が採択された．「世界に誇る」の意味は，一中小自治体でありながら，原子力に依存しないまちづくりを進め，そうした活動を世界に発信していく決意を込めたものである．当初の事務局案から，市民会議と有識者会議における議論を踏まえ，上述のように決定されたものである．この復興ビジョンは，放射能汚染の不安の中で行われた貴重な2か月弱に及ぶ議論の成果であり，もちろん，コミュニティ，

産業，教育の再生等に加え，原子力災害に関する個別の復興施策の提案も基本方針に盛り込まれている．

こうして復興に向けて具体的な歩みを始めるうえでの共通認識が，震災後，5か月を経て市民の間で共有された．また，復帰・復旧期と復興期を区分し，生活，産業，インフラの再建を具体的な計画にするための時間軸の意味づけも確認された（南相馬市復興ビジョン[3]参考）．

14.5　住民合意の前提条件について

現在，具体的なプランの作成と実施方策の検討は，緒についたばかりである．本稿では，具体的な復興プランの内容より，むしろ災害の復旧，復興に向けて住民の合意形成を促すための前提条件である不安を解消するための措置の重要性を指摘したい．

安心と安全については，「安全とは自然科学で証明される客観的事実，安心とは自ら理解・納得したという主観的事実」とされる[4]．さらに，「科学技術に基づく安全があって初めて，安心できる状況が形づくられる．さらに安心は，コミュニケーションに基づく信頼と言い換えられ，・・・安全と安心を結びつけるものがリスクコミュニケーション」となると説明される．すなわち，まず，科学的に「安全」を確保して，そのことで「安心」しようということだろう．

では，どの程度の安全のレベルであれば，よしとするのか．「『国の規制があって，安全が守られる』のではない．規制で実現できるのは最低限のレベル．現実には規制と自主管理をうまく組み合わせて，より安全性を高めていく努力が重要」であるとされる．

引用した内容は，食品の安全性について消費者の意識を論じたものだが，今回の原発事故の問題でも何ら違和感はない．むしろ，情報の提供という部分で中央政府に十分な準備のないことが，混乱を増大させ，この混乱が末端の市町村に行くほど拡大したといえよう．著者が復興市民会議へ参加した際の印象であるが，センセーショナルなマスコミ報道と政府関係機関の発表内容のギャップが，地元行政当局の対応を後手に回らせ，住民に「安全」を疑わ

せるような情報提供となってしまっていたようなのである．言い換えれば，マスコミ報道に怯えた住民が放射能汚染の状況や対策について地元行政へ問い合わせても十分な回答が得られない状況が続き，こうした不満が，不安や混乱を増大させたようなのである．しかし，これは地元自治体の責任ではないだろう．明確な安全基準を示せない中央政府の対応や種々雑多なマスコミ報道による情報の錯綜を結果的に地元自治体が背負い込まざるをえなかったための現象といえよう．知りたい情報を迅速かつ的確に伝えてくれるという基本こそが，行政と住民の良好なコミュニケーションの基礎であり，住民が「安心」できる条件であることを，復興市民会議での市民代表の発言から改めて感じた．

一方，社会学的な知見[5]によれば，「安全と安心は置換できる概念ではない」という．日本人と欧米人の安心と安全に関する認識も違うといわれるが，本稿ではこれ以上触れない．しかし，「現実的に『ないことの証明』はできず，客観化された判断基準をもたないので，何かおこると，反応は個人レベルで極端になる傾向が強い．無意味にかつ無責任に不安を煽るマスコミの功罪もこの文脈で問われるべきであろう．」という言葉に苦い思いを持って同感するのは著者だけではないであろう．どのレベルの放射線量であれば，児童生徒にとって安全であるのか，統一的な数値は示されていないなかでは，住民誰もが1マイクロシーベルトの線量さえ，不安なのである（10月27日に内閣府食品安全委員会は自然放射線や医療被曝などを除く内部被曝分の限度についての評価書をまとめ，厚生労働省に答申した．この説明についても評価書をまとめた時点で外部被曝を合わせた量とし，後に修正した）．

14.6　おわりに

復興市民会議における住民代表の意見やボランティアとして医療活動に参加した復興有識者会議メンバーの意見は多岐にわたるが，仮設住宅の居住環境に関するものが多かった．仮設住宅での長期にわたる生活でのストレスや，特に高齢者の支援の問題は，阪神・淡路大震災での貴重な経験があるにも関わらず，マニュアル化され，自治体相互間の共通の財産となっているとは，

残念ながら言い難いようである．

　また，過度な個人情報の保護に対する対応から，仮設住宅への来訪者が居住者の特定をすることが難しいといった事例が見られ，配給の列に並ぶことが困難な高齢者へ支援物資が十分に行きわたっていないという指摘もなされた．仮診療所での医師の確保等とあわせ，行政とボランティアの堅密な連携活動を行うためには，今後，こうした事項についての指針等の整備が望まれる．

　また，今後，除染が進むにつれ，汚染土の仮置き場の確保が大きな問題になるだろう．その前に市民が安全に除染活動を行うための準備や訓練等の必要性も指摘されているが，行政の体制を考えれば，市民の望む水準まで行政サービスとして行うことは，難しいように感じる．一方，町内会単位で住民自らが除染作業を行う意味と必要性について議論し，納得する過程でコミュニティの再生が進んでいる．こうした再建の動きを促進するためにも，国や県レベルの行政による体系的な支援が望まれるところである．

　このように地震と津波，原発事故による住民避難という，いわば，災害の極限状況において，復興のために南相馬市が選択した復興市民会議を通じた行政と住民のコミュニケーションの回復と強化という政策は，現時点では軌道に乗り，期待された役目を果たしつつあるといえよう．復興市民会議は，当面の緊急課題から，すでに将来のまちづくりに向けた課題へ論点を移しつつあり，防潮林等を含む土地利用計画や防災集団移転事業等に関する発言も活発になっている．防災無線の充実や連絡体制についても，津波被害を受けた住民でなければ思い浮かばない具体的で切実な要求もその一部である．

　最後に，復興プラン作成に当たって改めて認識したことであるが，都市計画にとって最も重要なことは，住民と行政の信頼関係である．言うまでもなく，最終的に都市計画の形で将来の生命と財産の安全を行政に委ねる住民にしてみれば，提案されたプランが所期の目的を達成するうえでの合理性を有しているか，あるいは，住民の意見が何らかの形で反映されたものであるかといった事柄が，合意にとって重要な問題となるだろう．都市計画的な視点からいえば，復興計画の中に居住者として，「安心して生活できる安全な環境が保証されているか」という問題が，今回新たに付加されたことを指摘して，

当面の報告としたい.

なお，今回の原発事故については，そもそも十分な情報や的確な指示が中央政府から基礎自治体に与えられたとは，到底言えないだろう．そして，被災した中小規模の自治体が，不安に慄く住民に十全の対応を行うということは，望むべくもない状況であったに違いない．しかし，現地にとどまったり，自主避難から早期に復帰したりした住民にとって，地元行政体以外に現状の不満や不安を訴える対象はないのである．こうした背景を踏まえての本章の著者による「安心と安全」「行政と住民のコミュニケーションの関係」へのコメントであることを申し添えておきたい．

《参考資料》

1) 首相官邸HP「『計画的避難区域』と『緊急時避難準備区域』の設定について」
2) 朝日新聞HP「積算放射線量が基準超す恐れ　福島県，避難区域外の一部」
3) 南相馬市HP「写真で見る東日本大震災」
4) 北野大「『リスク』を正しく理解することで，合理的な『安全・安心』を獲得する『ワザ』とは！？」SAFETY JAPAN（日経BP社），2009, http://www.nikkeibp.co.jp/article/sj/20091030/192703/
5) 小笠原泰「日本社会における『安全』と『安心』を考える—『安全』と『安心』の認識論的相違について」『情報未来』No.28, 2007, pp. 20-23

終 章
東日本大震災から学ぶこと

　東日本大震災における歴史的な被害と，地震後のわが国の総力を挙げての復旧・復興の経験から，今日，その発生がひっぱくしていると予想されている首都直下の地震に対し，どのように備えるべきかを考察し，本書のまとめとしたい．

1　大都市機能の混乱

　首都直下地震の場合は，東日本大震災のような巨大津波による被害が発生することはないが，今回，震度5強の揺れにより生じた東京都民の生活ならびに経済活動への影響を見れば，人的損傷や建物の倒壊，火災の発生といった直接的被害こそ極めてわずかしかなかったものの，大都市機能の面で大きな混乱が発生し，同様のことがさらに数倍も深刻な形で起きるであろう首都直下地震の被害の様相を暗示するものとなっている．それは，以下の4点に集約されよう．
　まず第1には，JRをはじめ私鉄・地下鉄を含めたすべての鉄道交通機関が運転を取りやめたため，首都圏では主要駅を中心に約515万人の帰宅困難者[1]が発生することになり（2011年11月22日，内閣府調査），大都市交通機

---

[1] ここでいう帰宅困難者とは，3月11日中に帰宅できなかった人であり，11日中には帰ることができたが，徒歩での帰宅を強いられた人は1 400万人ともいわれる（2011年10月9日放送，NHKスペシャル）．

関の脆弱性が明らかになったことである.

　第2に,浦安市などの東京湾臨海部の埋め立て地だけでなく,関東平野の広い範囲で液状化の被害が発生し,地中に埋設されていた上下水道・ガス管などが切断し,また電柱が傾いて電線が切れるなどしたことで,被災地域の電気・ガス・水道が完全に遮断した.

　第3に,福島原子力発電所ならびに東京電力管内の15か所の火力発電所の内5か所が損傷して,電力供給量が約1 500万KW低減したため,当時の需要を賄いきれず計画停電が実施された結果,経済活動全般が低下した.

　そして最後に,東北に基盤を置いた企業の被災により,生産工程のサプライチェーンが途絶し,同時に,流通網が寸断されたため,都内の小売業では商品の仕入れに困難をきたし,それを不安視した都民の買い占めと相乗して,あらゆる商品が品薄状態に陥った.

2　首都圏の防災対策上の課題

　そこで,予想されるこうした都市機能被害に対し,どのように備えるべきかを考えたい.

　まず帰宅難民対策であるが,従来は,地震後に主要な交通機関がすべて停止した場合,通勤者や買い物客が徒歩で帰宅するであろうことを想定し,各自治体では徒歩帰宅訓練を励行したり,幹線道路沿線のガソリンスタンド・コンビニなどと協定を結んで帰宅支援センターを整備するといった対策を取ってきた.しかし,515万人の帰宅困難者が発生した今回の地震で明らかになったことは,帰宅する歩行者と自家用車で,予想をはるかに超えて幹線道路が大混雑し,警察・消防・自衛隊などの救援活動に大きな支障となる事態が発生すると考えられることである.しかも,東京都内は今回の地震では全く被害がなかったが,首都直下地震では,建物が倒壊して道路をふさぎ,路上はがれきが散乱し,亀裂が入ってそこかしこに穴があき,また水道管が破裂して水たまりができ,さらに同時多発した火災に追われ,あるいは行く手を塞がれるといった事態の中での徒歩帰宅となるため,危険極まりなく,二次災害が起こる可能性も高い.

したがって，今回のことを教訓として，地震後は一切徒歩帰宅を禁止する方向に政策を転換することが必要である．つまり，通勤者に関しては，全社員を勤務先で，少なくとも一泊させること，できれば交通機関が動き出すまで宿泊させることとすべきである．一部の特別区では，すでに区条例として規定されてはいるが，企業に要請するにとどまっている．東京都では都条例として義務化することを検討中であるが，そうなれば，企業は防備対策の項目として，社員の宿泊用具および水・食糧を備蓄しなければならず，当然それに対する公的な支援制度が必要であろう．また，社屋の耐震診断や補強のための費用についても，単に私財の保全という意味合いからではなく，帰宅難民対策の観点から見れば，行政業務の肩代わりと考えられるため，行政負担が検討されるべきであろう．さらに，社屋に何らかの被害が認められるときは，それが社員の宿泊や帰宅難民者の受け入れに使用できるか否かを直ちに判断しなければならず，応急被災度判定の手続きとは別に，社屋保有者が独自に危険度を判定できるような支援体制も必要となろう．

　救援活動のための道路機能の確保の問題に関しては，必ずしも今回の地震の教訓というわけではなく前々から指摘されていることではあるが，緊急輸送道路として指定されている道路の沿道建築物の耐震・不燃化を促進することが喫緊の課題である．東京都の場合，緊急輸送道路沿道には約20万棟の建物があり，その内約4割に当たる8万棟が旧耐震基準の建築物であると推定されている（東京都都市整備局，2010年11月）．そこで東京都では2011年4月に，緊急輸送道路沿道建築物の耐震診断を義務付ける条例を制定し（「東京における緊急輸送道路沿道建築物の耐震化を推進する条例」2011年4月制定），建物の所有者の負担なしで診断を受けられる補助制度を設け，平成23年度予算に31億円を計上している．しかし，診断の結果，補強が必要と判定されても，強制力がないことや，区分所有のマンションなどは所有者の合意条件が厳しく，また費用負担も大きいため，すぐに補強や建て替えの実施に結びつかず，その実効性に疑問がある．したがって，補強のための補助金や低利子融資などの制度を考える必要があろう．

　液状化被害については，従来は災害救助法の対象になっていなかったこともあり，当初，相当の混乱が見られた．今回の経験から，地震被害の対象と

して認められるようになったことは，防災対策上大きな進歩であった．ただ，今回浮き彫りになったもう一つの問題は，居住者の大半が，こうした被害が起こるということを知らなかったことであり，液状化被害に対する知識の普及に努めることはもちろんであるが，並行して今後，不動産取引の条件として液状化の危険について明示することを義務づけるなどの法的整備が必要である．

　また，最も被害の大きかった浦安市今川地区の場合，その原因は，埋設された下水道管が浮き上がって道路が1m弱も隆起した結果，沿道の各戸からの出入りや排水ができなくなると同時に，地盤の支持を失った電柱が傾いて送電線が切断し，電気が遮断したのであるが，これらは明らかに公共サイドの過失といえ，今後は，液状化の危険性のある地区における公共施設の敷設に関する特別な設置基準を設け，それに基づいて各種の公共事業を施工するような法制化が必要である．また，東日本大震災以後，液状化による住家被害の認定基準が改訂され，四隅の柱の傾きの平均が100分の1以上で半壊，60分の1以上で大規模半壊，とされたほか，基礎が25cm以上地盤面下に潜り込んでしまった場合など被害と認定されるようになったが(内閣府：災害に関わる住家の被害認定，2011年7月3日)，実際にはこれ以下でも日常生活に支障がある場合も多く，さらなる検討が望まれる．

　避難者対策については，津波被災地ならびに福島原子力発電所爆発による放射能拡散被災地から，多数の避難者が，県を越えて他市町村へ避難した経験は，首都直下地震の対策に対しても，貴重な教訓となった．首都直下地震で圧倒的に仮設住宅が不足することは，被害想定からも明らかであり，必要な供給量をどのように確保するか，建設用地をどうするかの検討と同時に，民間空き家を公的に借上げて家賃補助を行うなどの代替案とともに総合的に検討しておくべきである．ただし，今回の避難者の行動で一つ明らかとなったことは，必ずしも被災地近傍に限らず，遠く全国に拡散していることで，地方出身者の多い東京の場合も，首都圏内で考えるのではなく，全国的な救援を期待する前提で対策を見直すことが有効であろう．

3 被害想定の役割（想定内と想定外）

次に，発災の初期段階で，随所で多用された「想定外」という言葉について，首都直下地震の被害想定を再検討してみたい．

東日本大震災の場合，日本の近海で M9.0 という超大地震が起こるということは地震学者の間でも全く想定外であった．また，旧田老町や釜石市では，防潮堤を建設するに当たり，想定された津波の高さは 10m であり，それを超す津波は想定外であった．福島第一原発では，すべての補助電源が使用不能になり，原子炉の冷却ができなくなることは想定していなかった．

これらの事象は，もちろん起こる確率が極めて低いと考えられたわけであるが，ひとたび起きてしまえば，その対策を取らなかったことが批判され，「最悪の事態を想定して対策を進めることが危機管理の原則であり，それを想定外というのは許されない」と，多くの専門家が想定者責任の批判の矢面に立たされたのであった．

とはいえ，これまで日本近海で M9.0 の地震が発生しなかった以上，それを想定することは難しい．しかし津波については，1896 年の明治三陸津波で 15m の津波が押し寄せており，岩手県普代村ではそのため，15m の防潮堤を築き，今回は被害を免れている．地震後の原子炉の冷却については，すべての補助電源が使用不能になる可能性や，格納容器内での水素爆発の可能性を指摘した評価報告が行われていたが，東京電力はそれらについて対策を，「考慮する必要がない」と判断している．

こう見ると「想定外」という言葉には，どうやら二つの意味合いがありそうである．一つは，本当に想定できなかったという意味での，いわば，人知を超えた「想定外」であり，もう一つは想定できていたけれども，対策を取る範囲には含めなかった「想定外」である．そして今回批判の対象とされているのは，こちらのほうの「想定外」であろう．

想定できながらなぜ対策を取らなかったかについては，さらに二つの場合がある．第 1 は，想定はできてもそれに対して全く打つ手がない場合であり，結局，対策が取りうる範囲を想定内とし，それ以上は想定外とせざるをえな

いが，これは「想定はできるが起こらないでほしい」という願望を内に秘めた想定外といえる．首都直下地震の火災被害の想定に関していえば，火災旋風被害を考慮していないのは，こうしたケースであろう．

　第2の場合は，発生の確率が極めて低いと考えられ，しかもその対策には莫大な費用がかかる場合である．したがって，「想定はできるが，もしそれ以上のことが起きたらそれは受忍しよう」という意味での覚悟の想定外となる．首都直下地震の被害想定で，地震後の同時多発火災の延焼予測の風速の想定を，最大15m/secとしているなどは，地震と台風が同時に起こる確率は極めて低く，それにも対応できるように対策を強化することは莫大な費用がかかると見込まれるため，「想定外」とされている．

　つまり，想定外とは，本来的には，対策の技術的・経済的限界を超えた部分と同一のものと考えられるべきなのである．とはいえ，実際の被害は想定を超えることもありえる．今回の地震を機に，できる限り「想定外」条件を減らす見直しをすることが必要であろう．

　ところで，首都直下地震の被害想定には，上記とは性質の異なるもう一つ別の，「政策的想定外」とでも呼ぶべき想定外問題がある．それは，想定されている被害に，技術的・経済的条件と係わりなく過小想定になっているのではないかということである．例えば，自動車と鉄道乗客の被害が390人などというのは，冬の夕方という通勤時間帯を条件とした想定だと考えると，とうてい信じがたい．さらに，1997年と2006年の火災被害を比べると，消防が消火できずに延焼拡大する火災件数が，1997年想定では149件で，2006年想定では290件と約2倍になっているにもかかわらず，消失棟数は37.8万棟から35.0万棟と2.8万棟も減っており，火災による死者は4 802人から2 742人へ，約2 000人も減少しているというのも，この間の不燃化率が5.6%しか増加していないという事実を考慮すると，にわかには信じがたい．その理由の一つは，想定手法が異なっているからであるが，となるとどちらが正しいかを吟味する必要がある．もう一つの理由は，これは著者の独善であることを断っておくが，おおむね5年ごとに実施される被害想定の数字，特に死者数の数字が，行政の実施する5年間の防災対策の実績評価の指標として使われていることであろう．つまり，前回実施された想定の結果より，新し

く想定された結果で死者数が増加すると，その間行政は何をやっていたかと批判されることになるため，死者数は前回数字よりも決して増加できないのではないかと考えられる．実際，東京都が被害想定を始めて以来，死者数の数字は，一定して減少している．言うまでもなく被害想定は，行政施策の評価指標ではなく，地震が起こったときに必要となる対策を準備するための目安となるものである．それが過小評価され，実際により大きな被害が起きたとき，想定外として片づけられるとしたら，それこそ，数字を曲解して使った行政責任が追及されなければならないだろう．

4 個人（家族）の生活機能の維持
（PLC: Preparedness for Life Continuity）

　次に，個人（家族）の実施すべき対策について考える．

　結論を最初に述べると，個人（家族）の実施する地震対策は，「いかに早く元の生活に戻すか」を目的としてすべてを見直し防備するべきである，ということである．これを，ここでは，「生活継続のための防備（PLC: Preparedness for Life Continuity）」と呼ぶ．

　まず，地震後も今までどおりの生活を続けるためには，何よりもその生活の基盤を失わないことが絶対の条件となる．生活基盤とはこの場合，第1に個人（家族）の生命・身体，第2に家屋財産である．

　東日本大震災では，2万人もの人が死亡・行方不明となっており，次に同様の地震が来たときに再び同様の被害が起きないように，個人（家族）の生命・身体の保全および家屋財産を守る対策としては，津波の来ない高台に住宅を建てる以外にない．しかし，首都直下地震で考えた場合の個人（家族）の対策としては，建物の耐震化と家具の固定，ならびに出火の防止が最も大事な対策となる．

　しかし，「地震後できるだけ早く元の生活に戻す」，すなわち生活の早期再建の目的を達成するには，単に生命・財産を守りさえすればよいというものではない．実際，圧倒的多数の被災者は死傷を免れ，地震後，その機能を全面的に停止してしまった都市の中に投げ出されることになる．生き延びた

人々にとって地震との戦いは，まさにそこから始まると言っても過言ではない．しかも，行政の支援は，少なくとも3日間は，状況の把握や人命救助に追われ，生き延びた被災者に届かないということは，これまでの経験が示している．したがって，ライフラインが途絶し，生活物資の多くが品薄状態になって手に入りにくくなった状況下で，どのように生活を再開してゆくかの準備が必要となる．つまり，生命・財産保全は必要条件ではあるが，十分条件ではない．そこで，この十分条件に関わる対策について考えたい．

東日本大震災の発生後8か月が経過した今日，幸いにして助かった人々が味わっている苦労は並大抵ではなく，非被災者である我々に，地震後の生活がどのようなものとなるかを目の当たりに提示している．とはいえ，津波被害の場合には，とにかく身一つで逃げなければならないため，事前に準備できることはごく限られてしまう．ところが首都直下地震の場合は，緊急の避難が必要となるのは，自宅が全半壊状態となるか，火災が迫って来た場合に限られる．ただし，地震発生直後は，余震が怖いため自宅にいられない人や，ライフラインの途絶で自宅での生活が困難な被災者も加わるであろうが，基本的には圧倒的に多くの被災者が，電気・ガス・上下水道・通信・交通などのすべての都市機能が途絶した環境で数週間から数か月の間，自宅の中で自活することになる．前述したごとく，東日本大震災では，東北の企業・工場の被災により，生産工程のサプライチェーンが途絶し，同時に，流通網が寸断されたため，都内の小売業では商品の仕入れに困難をきたし，多くの商品が品薄状態に陥ったが，首都直下地震ではより深刻な生活物資供給の停止が長く続く可能性も高い．

このように都市の機能が停止し，種々のサービスを受け取れなくなった環境を想定しての防備として個人（家族）ができることは「備蓄」であるが，その対応には限界があり，結局，個人（家族）が単独で生活してゆくことは難しい．したがって，生活の早期再開のための十分条件としての防備の基本は，近隣同士の助け合い（共助）であり，日頃から緊密な近隣関係（Social Capital）を構築しておくことである．備蓄についても，個人（家族）が全部取りそろえるのではなく，近隣で分担してそろえることができれば，効率的である．

近隣住民との連携は，単に被災後の共同生活上の相互扶助にとどまらず，

地域社会の再建に当たって，共同建て替えの可能性を開き，地区計画の合意を促進し，また，行政の思い切った再開発提案を受け入れる素地となる．生活の早期再建の十分条件というゆえんである．

5　自助・共助・公助の役割分担

住民の生活機能維持と同時に，それを包含した都市全体の機能維持については，今日，自助・共助・公助の三位一体となった地震対策を推進することが不可欠であると合意されている．言い換えれば，前述の，予防，防備と応急対応，復旧と復興のすべての局面において，自助・共助・公助の役割分担が求められている．

表1は，各曲面における自助・共助・公助の役割を示したものである．まず，自助については，前述したごとく，予防対策では耐震補強と家具の固定が，防備対策では備蓄と非常時の持ち出し品の準備が，応急対応では出火防止や家族会議などによる家族の連絡手段の事前打ち合わせが，復旧と復興については地震保険による復旧資金の準備が自己責任となる．

共助については，予防対策としては近隣同士の話し合いによる地区計画の策定や建築協定の締結が，防備計画としては共同での防災訓練の実施や災害時用支援者の把握と対応準備が，応急対応時は救出救護・初期消火・避難所での共同生活などが，復旧・復興時には共同建て替えや復興の地区計画づくりなどが期待されている．

表1　自助・共助・公助の役割分担

	自助	共助	公助
予防対策（protection）	耐震補強 家具固定	地区計画 建築協定	都市計画（街づくり） 耐震化補助
防備対策（preparedness）	家庭内備蓄 非常持ち出し袋	地域防災訓練 災害時要支援者	公的備蓄 防災教育（人づくり）
応急対応（response）	家族会議 連絡打ち合わせ 出火防止	救出救護 初期消火 共同生活	防災情報システム 避難所の支援 被災者認定
復旧・復興（recovery）	地震保険	共同建て替え 復興地区計画	仮設住宅 被災者生活支援

公助については，予防対策は防災まちづくりや耐震化促進のための公的補助が，防備対策としては公的備蓄や地域防災力向上のための各種防災プログラムの提供が，応急対応では，被害の把握や救出救護のための防災情報システムの整備，避難所の支援，被災度認定の事務的対応などが，復旧・復興対策としては仮設住宅の建設や被災者の生活支援全般が，その役割となる．

　東日本大震災から学ぶことは多い．しかし，それが阪神・淡路大震災と全く異なった様相を呈したように，個々の災害はそれぞれ特有の顔を見せる．その意味で首都直下地震も，これまで経験しなかったような事象を引き起こす可能性は高い．したがって，我々は，過去の経験をもとに最大限の想像力を働かして，まだ見ぬ事象への対応を考えなければならない．ここでの論述が，今回の地震災害では経験しなかった部分を扱っているとしても，間違いなくそれが刺激となっているという意味において，東日本大震災から学ぶべきことに違いない．

索　引

【欧文】

BCP（業務継続計画）……… 3,34,51,
　54,57,60,61,62
ICT（Information & Communication
　Technology）………… 139,140,150,
　153,158
IDNDR（国際防災の十年）……… 52
ISDR（国際防災戦略）…………… 52
NPO……… 37,100,102,103,151,153,
　157
Small is Beautiful ………………… 169

【あ行】

新しい公共……………… 102,103,105
安心と安全………… 199,200,201,203
安否情報………………… 33,56,57,59
医療……… 25,38,39,40,79,80,81,82,
　84,85,86,87,88,89,94,98,100,149,
　151,153, 156,192,195,197,199,201
インターネット公共圏……… 153,154
液状化…………… 149,206,207,208
エゴ・セントリック・ネットワーク
　………………………………… 93
沿岸地域社会の危機……………… 115
オープンソース GIS ………… 156,157

【か行】

介護……… 25,38,79,82,84,85,86,87,
　88,89
外部費用………… 3,179,180,182,184,
　188,189
仮設住宅……… 39,40,57,59,63,86,97,
　99,100,152,168,194,195,201,202,
　208,213,214
技術的外部性 …………… 182,183,186,
　187,188,189
帰宅困難者………………… 205,206
行政サービス………………… 33,54,
　55,57,58,59,60,61,62,110,202
漁業・水産業の再生 ………… 121,122,
　123
漁業・水産業の被害状況………… 115
漁業資源管理………………… 117,124
漁業生産構造………………… 115,117
漁業生産の縮小傾向………… 117,119
緊急時避難準備区域……… 71,73,192,
　195,196,197,198,199
緊急輸送道路……………………… 207
金銭的外部性 …………… 182,183,184,
　186,187,188,189
警戒区域……… 28,29,45,63,71,72,73,

192,194,195,196,197,198,199
計画的避難区域 ……… 29,63,71,72,73,
　192
計画理論研究 ………… 1,2,3,31,46,159
原因者負担の原則 ……… 184,188,189,
　190
健康決定要因………… 80,81,82,83,84
健康支援環境………………………… 79
健康都市……… 38,79,82,83,84,85,88
減災対策…………… 53,143,149,150
原子力損害賠償法……………… 13,180
建築制限区域………………………68,70
原発災害…………………………3,45,46
講……………………………………… 101
公衆衛生……………………………… 88
国際原子力事象評価尺度（INES）……
　……………………………………… 194
コミュニケーション・チャネル………
　……………………………… 53,56,57,61
コミュニティ再生 …………… 20,21
コモンズ…… 2,41,109,121,123,172
コモンズとしての漁場 …… 41,109,
　121
コモンズの悲劇……………………… 172

【さ行】

災害影響アセスメント………… 36,53
災害危険区域……………………… 69,70
災害資本主義………… 92,99,101,105
災害情報…………… 33,56,59,61,151
災害対策基本法………………… 10,54
サバイバーズ・ギルト………… 92,105

サプライチェーン…………3,8,9,42,43,
　109,110,127,128,129,130,131,132,
　133,134,136,206, 212
産業再生…………………………38,41,46
三陸海岸大津波………………… 155,166
自助・共助・公助…………… 57,213
市場の失敗……………………… 182,184
自然環境…………3,44,45,46,74,79,139,
　142,162,163, 164, 165,168,169,171,
　172,173,174,176,177
自然環境との共存…………… 165,169
持続可能な地域づくり……………… 173
自動車産業…………………… 51,132,136
社会環境……………………… 83,173,177
社会的共通資本……………… 172,173
集積の経済…………………………… 135
集中復興期間………………………… 13
住民合意……………………………… 200
住民情報　…… 51,55,57,58,60,61,62
首都直下地震…… 4,11,12,13,14,205,
　206,208,209,210,211,212,214
上位計画と下位計画……………… 19
除染……… 64,71,72,73,196,197,198,
　202
ショック・ドクトリン……… 99,101,
　105
水産関連産業………………………… 115
水産業復興特区……………… 25,134
水産物の需要………………………… 119
水産物の流通………………………… 122
スクラップ・アンド・ビルド方式……
　………………………………………… 99

生活継続のための防備（PLC）… 211
生活情報………………… 56,57,59,60
世界保健機関（WHO）…………… 83
全村避難………………………… 98
戦略的環境影響評価（SEA）…… 53
早期警報………………………… 56
相互扶助……………… 97,99,102,212
創造的復興………… 9,92,99,100,101,
105
ソーシャル・イノベーション…………
……………………………… 158,159
ソーシャル・キャピタル……… 92,93,
95,96,97,103,104
ソーシャルメディア………… 43,101,
102,140,141,150,151,153,154
ソーシャルメディアGIS………… 150,
151,152,154,157,158
ソーシャルメディアマップ……………
……………………………… 150,151

【た行】

地域環境・開発計画 ……… 177,178
地域再生………… 3,38,41,46,79,85,
88,89,140,149,159
地域情報データベース………143,144,
145,148,149,150,158
地域知…………………… 145,148,151
地域包括ケア……………… 86,87,89
地域防災会議…………………… 54
地域防災計画……………… 54,55,60
中間技術…………………… 169,176
中長期復興戦略………………… 9

地理情報システム（GIS）……140,141,
142,143,144,145,148,150,151,152,
154,156,157,158
津波てんでんこ………………… 155
デジタル・ネイティブ…………… 93
伝承……… 41,145,161,169,171,173
都市計画………… 3,7,15,16,25,35,36,
37,46,53,63,64,65,66,68,69,72,76,
84,101,139,142,173,191,194,197,
202,213
土地利用計画……………… 76,89,202
トップダウン方式……………… 100

【な行】

人間の復興……… 92,99,100,101,105
農地転用………………………… 25,26

【は行】

バーチャルコミュニティ………… 98
ハザードマップ……… 36,95,149,150,
151
被害情報………… 33,56,59,61,152
東日本大震災復興基本法………… 10
被災市街地復興推進地域……… 68,70
ヒト・モノ・カネ・情報……… 33,55,
58,59,61
避難情報………… 21,33,56,59,151
避難所コミュニティ…………96,97,98,
99
風評基金…………………… 189,190
風評被害 …………43,45,46,110,139,
153,179,180,181,182,184,188,189,

190,199
風評保険……………………189,190
福祉……… 38,39,40,79,80,84,85,86,
　87,88,89,100,177
福島第一原子力発電所 ……… 18,25,
　28,45,63,71,110,139,173,176,179,
　180,181,188,189,191,192,193,206,
　208,209
復興債…………………… 10,11,13
復興庁…………………… 10,11,20
復興特別区域制度………… 3,10,23,32
復興ビジョン……… 88,197,199,200
復興プラン ………64,66,68,101,102,
　191,193,194,197,198,200,202
不明地………………37,63,66,74,75
不用地………37,63,66,67,70,71,72,
　73,76
プライバタイゼーション………… 95
ブランド価値………………… 136
防災行政情報無線……………… 56

防災訓練………………… 33,54,213
防災集団移転促進事業………… 21,25
放射能汚染…………110,139,174,175,
　179,187,188,192,194,198,199,201
保健……… 38,79,80,81,82,83,84,85,
　86,87,88,89
ボトムアップ型…………………100

【ま行】

マイクロ・コミュニティ………… 96
南相馬市………150,191,192,193,194,
　195,196,197,200,202
南相馬市復興市民会議………… 196
民間活力……………………… 133

【ら行】

リスクコミュニケーション………
　………………… 44,150,151,200
流通業…………123,127,128,129,134,
　136

東日本大震災の復旧・復興への提言 定価はカバーに表示してあります．

2012年3月1日　1版1刷発行　　　　　　　　ISBN978-4-7655-1792-8 C3051

　　　　　　　　　　　　　編 著 者　　梶　　　秀　樹

　　　　　　　　　　　　　　　　　　　和　泉　　　潤

　　　　　　　　　　　　　　　　　　　山　本　佳　世　子

　　　　　　　　　　　　　発 行 者　　長　　　滋　彦

　　　　　　　　　　　　　発 行 所　　技報堂出版株式会社

日本書籍出版協会会員	〒101-0051	東京都千代田区神田神保町1-2-5
自然科学書協会会員	電　話	営　　業 (03) (5217) 0885
工 学 書 協 会 会 員		編　　集 (03) (5217) 0881
土木・建築書協会会員	F A X	(03) (5217) 0886
	振替口座	00140-4-10
Printed in Japan	http://gihodobooks.jp/	

Ⓒ Hideki Kaji, Jun Izumi, Kayoko Yamamoto, 2012
　　　　　　　　　　　　装幀　ジンキッズ　印刷・製本　昭和情報プロセス
落丁・乱丁はお取り替えいたします．
本書の無断複写は，著作権法上での例外を除き，禁じられています．

◆小社刊行図書のご案内◆

定価につきましては小社ホームページ（http://gihodobooks.jp/）をご確認ください．

水害に役立つ減災術
―行政ができること　住民にできること―

末次忠司 著
A5・190頁

【内容紹介】洪水災害や氾濫被害を減災するために必要な知識を46の項目にして解説した書．東日本大震災からの教訓により，これまであまり言及されてこなかった「危機的状況を想定」し，その状況に対応する減災体制・方策を例示した．避難や浸水流入防止策等の住民対応についても記述し，減災に取り組もうとしている行政機関はもとより，一般住民の自助の減災マニュアルとしても活用できる．

環境防災学
―災害大国日本を考える文理シナジーの実学―

竹林征三 著
A5・240頁

【内容紹介】「環境防災」とは何か．これは「環境」と「防災」という全く関係のない2つの概念をただ並列で並べたものではない．2つの概念は，互いに密接不可分な関係にあり，互いに補完し合わなければ，健全な体系にならない宿命を背負っている．災害は最大の環境破壊である．その災害を減らそうとする防災は，環境保全対策の最も重要な根幹をなすものである．したがって，防災を考える時，望まれる環境形成にいかに資するか，という視点が最も重要な目標であらねばならない．《本書"はじめに"より》

「想定外」の世界
―福島原発事故で語られなかったこと―

平田　周 著
B6・250頁

【内容紹介】3月11日以降，原発事故について夥しい量の情報がマスメディアを通じて流されてきた．本書は，事故から半年を経て，これまでに得られた知識や情報などを改めて見直し，今後に向けた原発のあり方，災害への対処法について，その考え方をまとめたもの．

イラストでわかる原発と放射能
―これであなたも大丈夫―

大木久光 著
A5・212頁

【内容紹介】原発と放射能のこと，どれだけ正しく知っていますか？　原発事故以来，さまざまなメディアでさまざまな情報が飛び交っています．情報にふりまわされ，むやみに怖がったり，安心したりしていませんか？　この本では正しい知識を身につけ正しい判断ができるよう基本的なことをやさしく解説しました．安全と言われても安心できない人があらためて開く本．

技報堂出版　┃　TEL 営業 03(5217)0885　編集 03(5217)0881
　　　　　　　　FAX 03(5217)0886